FORSCHUNGSBERICHTE DES LANDES NORDRHEIN-WESTFALEN

Nr. 1614

Herausgegeben
im Auftrage des Ministerpräsidenten Dr. Franz Meyers
von Staatssekretär Professor Dr. h. c. Dr. E. h. Leo Brandt

DK 621.981.2

Prof. Dr.-Ing. habil. Gerhard Oehler

Forschungsgesellschaft Blechverarbeitung e. V., Düsseldorf

Kräfte- und Leistungsermittlung an Rundbiegemaschinen

SPRINGER FACHMEDIEN WIESBADEN GMBH 1966

ISBN 978-3-663-06365-0 ISBN 978-3-663-07278-2 (eBook)
DOI 10.1007/978-3-663-07278-2

Verlags-Nr. 2011614

Ursprünglich erschienen bei Westdeutscher Verlag, Köln und Opladen 1966
Gesamtherstellung: Westdeutscher Verlag

Inhalt

1. Einführung 7

2. Aufgabe 7

3. Übliche Leistungswerte 7

4. Berechnungsverfahren 11

   4.1 Rechnung nach Flender 11
   4.2 Rechnung nach Oehler 21
   4.3 Rechnung nach Geiger 22
   4.4 Rechnung nach Zürcher 25
   4.5 Rechnung nach Geleji 29
   4.6 Zusammenfassung der Berechnungsgrundlagen 31

5. Durchführung der Versuche 34

6. Ergebnisse 39

   6.1 Oszillogramme 39
   6.2 Vergleich der Rechnungsergebnisse für N_w mit den Oszillogrammen 43
   6.3 Diagrammatische Erfassung der Ergebnisse 47

7. Zusammenfassung 55

8. Literaturverzeichnis 57

Anhang 59

Nachprüfung der rechnerischen Ermittlung der Umformkraft und der Leistung beim Biegen von Grobblechen unter Walzenrundbiegemaschinen durch den Versuch

1. Einführung

Es bestehen eine Reihe Veröffentlichungen über Berechnungsverfahren, die sowohl der Ermittlung des Mindestdurchmessers der Oberwalze, der Anstellkraft, des Drehmomentes beim Walzenrundbiegen und der Antriebsleistung gelten. Da die Ergebnisse dieser verschiedenen Berechnungsverfahren teilweise erheblich voneinander abweichen, erschien es notwendig, erstens die Berechnungsverfahren auf ihre Zuverlässigkeit hin nachzuprüfen und zweitens durch den Versuch Richtwerte zu gewinnen. Hinzu kommt, daß der weitaus größte Teil der Dreiwalzenrundbiegemaschinen ohne Meßinstrumente irgendwelcher Art ausgerüstet ist, die über die jeweilige Anstellkraft oder die jeweilige Antriebsleistung Auskunft geben. Dies ist im allgemeinen auch nicht notwendig, wenn seitens des Maschinenherstellers die höchstzulässigen Blechdicken bei gegebener Breite und Festigkeit des Blechwerkstoffes angegeben sind. Leider verfügt der Walzer selten über solche Angaben, die bestenfalls dem zuständigen Betriebsingenieur bekannt sind. Der Umstand, daß diese Maschinen nur in sehr seltenen Fällen mit Stromwächter-Überlastsicherungen ausgerüstet sind – Höchststrombegrenzungs-Schütze bieten gegenüber Walzenbrüchen keine Sicherheit –, gebietet es daher um so mehr, den Rundbiegeverfahren die notwendige Aufmerksamkeit zu widmen.

2. Aufgabe

Die hier gestellte Aufgabe zerfällt in mehrere Teile. Zunächst seien die heute üblichen Leistungsangaben in übersichtlicher Weise zusammengestellt, wie sie etwa den gelieferten Maschinen entsprechen. Weiterhin sind die bekanntesten Berechnungsverfahren nebeneinander aufzuführen. Schließlich werden eine Reihe von Untersuchungen in verschiedenen Betrieben durchgeführt und ihre Ergebnisse mit denen der einzelnen Berechnungsverfahren verglichen, damit die der Wirklichkeit am nächsten entsprechenden Rechenverfahren empfohlen werden können.

3. Übliche Leistungswerte

Die Abb. 1 und 2 zeigen für eine Baureihe schwerer Dreiwalzenrundbiegemaschinen über der Blechdicke s aufgetragen die Leistungsangaben des Hauptantriebsmotors und des Walzenantriebsmotors für verschiedene Arbeitsbreiten b

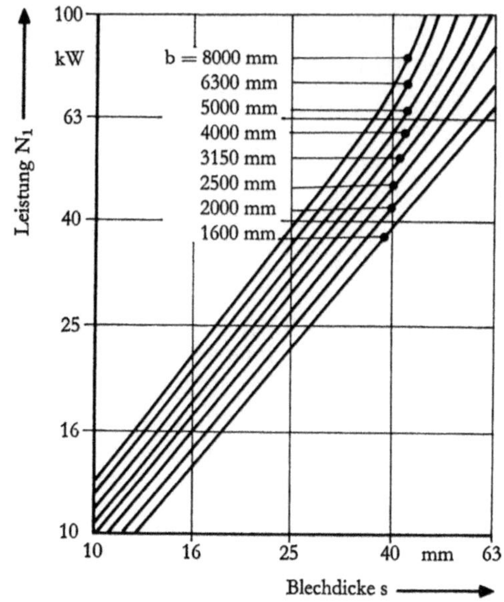

Abb. 1 Die Leistung des Hauptantriebmotors

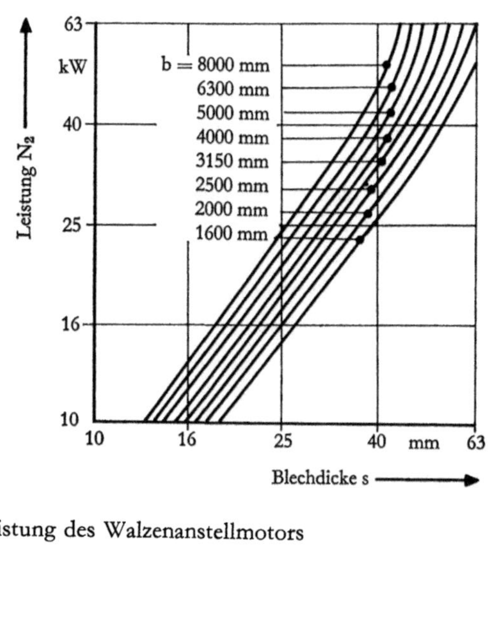

Abb. 2 Die Leistung des Walzenanstellmotors

unter Annahme eines $\sigma_B = 50$ kp/mm² für das zu biegende Blech. Diese Werte sind nochmals in einem räumlichen Diagramm ausgewertet in Abb. 3 dargestellt, was zwei Flächencharakteristiken, N_1 für den Hauptantrieb und N_2 für die Walzenanstellung, aufweist. In entsprechender Weise wurde im Diagramm zu Abb. 4 der Oberwalzendurchmesser in Abhängigkeit von der Blechdicke *s* für verschiedene Arbeitsbreiten *b* aufgetragen, woraus wiederum in Abb. 5 sich ein räumliches Diagramm zusammenstellen ließ. Die Werte hängen selbstverständlich in weitestem Umfang von der Konstruktion der Maschine ab, so daß sie nicht überall gültig sind. Sie entsprechen auch keineswegs immer dem tatsächlich aufgewendeten Leistungsbedarf, der ja weitgehend vom herzustellenden Rundungshalbmesser und dem Maß der Anstellung sowie vom Grad der Erwärmung bei Warmumformung abhängig ist. Dasselbe gilt vom Oberwalzendurchmesser, der zwecks Ausnutzung eines möglichst weiten Arbeitsbereiches, d. h. zur Erzielung auch kleiner Rundungsdurchmesser, und zur Verminderung der Leistung des Schwenkantriebes in seinem Durchmesser so klein als möglich bemessen wird. Aber auch hierbei darf die Konstruktion der Maschine nicht außer acht gelassen werden. So spielt es für die Bemessung des Oberwalzendurchmessers beispielsweise

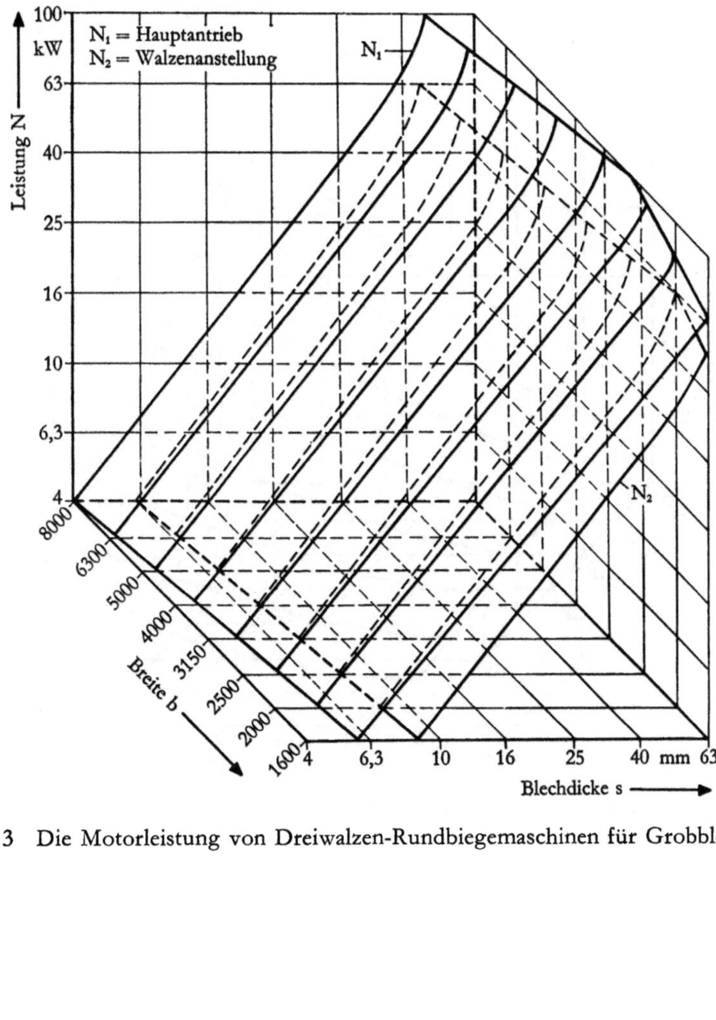

Abb. 3 Die Motorleistung von Dreiwalzen-Rundbiegemaschinen für Grobbleche

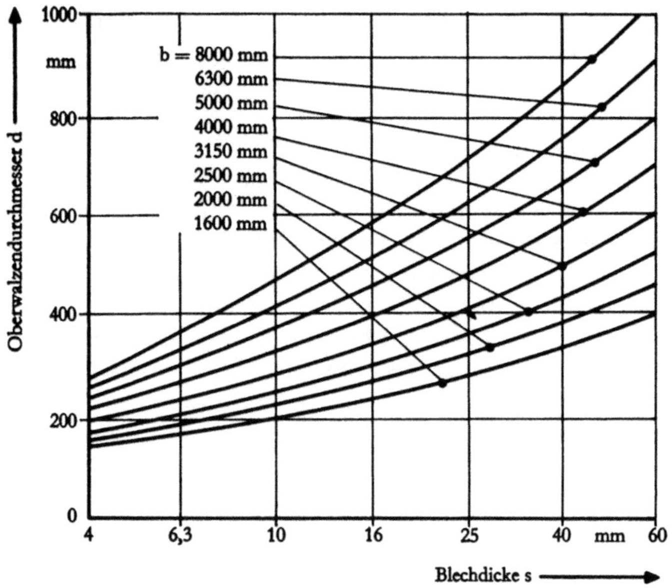

Abb. 4 Der Oberwalzendurchmesser in Abhängigkeit von Blechdicke und Arbeitsbreite

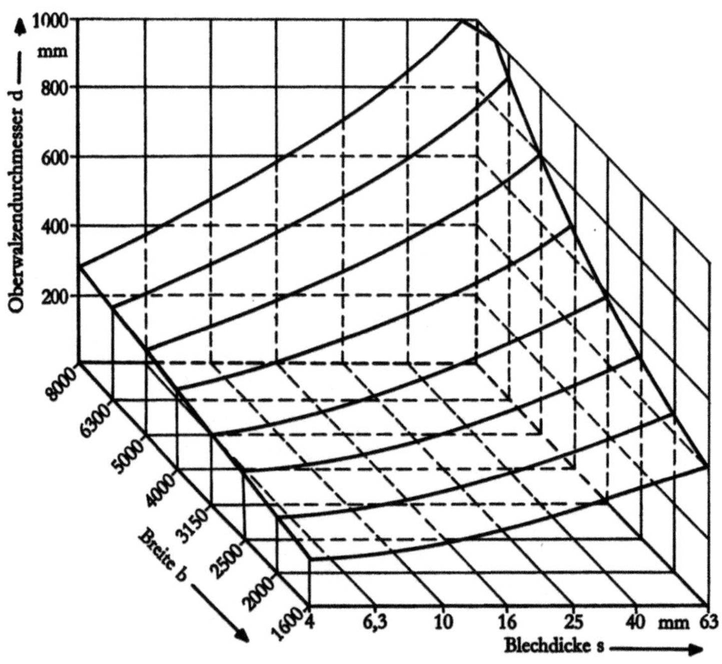

Abb. 5 Der Oberwalzendurchmesser in Abhängigkeit von Blechdicke und Arbeitsbreite räumlich dargestellt.

eine entscheidende Rolle, inwieweit die über das Schwenklager hinaus verlängerte Walze mittels eines Gegenhalters zum Ausgleich einer Walzendurchbiegung eine zusätzliche der Biegebeanspruchung entgegen gerichtete Spannung erhält. Weiterhin ist hierbei die Auswahl des Walzenstahls wichtig. Immerhin geben auch diese Richtlinien [1] einige Hinweise. Sie sind allerdings ohne Bedeutung für Vergleiche mit den Ergebnissen der Berechnungsverfahren.

4. Berechnungsverfahren

4.1 Rechnung nach FLENDER [2]

Die theoretischen Grundlagen zur Berechnung der Walzen bei Dreiwalzen-Blechbiegemaschinen wurden erstmalig von FLENDER veröffentlicht. Über die in den folgenden Berechnungen angewandten Bezeichnungen gibt die Übersicht am Ende dieses Berichtes Auskunft! Zur Erzielung eines symmetrischen Kräftebildes wurde hierbei die Reibungsarbeit zwischen dem Blech und den Walzen, die angeblich nur einen geringen Einfluß ausübt, vernachlässigt. Das auf das Blech in dem am stärksten beanspruchten Querschnitt in der Mitte unter der Oberwalze wirkende Biegungsmoment M_b beträgt, bezogen auf den einseitigen Druck einer Unterwalze gemäß Abb. 6:

$$M_b = P_u \cdot u \tag{1}$$

Die gegen die Oberwalze wirkende Kraft P_o ist gleich der Summe der Vertikalkomponenten der Unterwalzenkräfte P_u

$$P_o = 2\, P_u \cos \gamma \tag{2}$$

Die inneren Spannungen des Bleches müssen sich mit den von außen durch die Walzen wirkenden Kräften im Gleichgewicht befinden und ein Moment M_i liefern, welches gleich dem Moment M_b ist. Da durch den Biegevorgang eine bleibende Formänderung des Bleches erreicht werden soll, müssen die Fasern des Bleches bis zu einer gewissen Schichttiefe eine Spannung erhalten, die über der Elastizitätsgrenze liegt. In Abb. 6 sind die inneren Spannungen in dem am stärksten beanspruchten Blechquerschnitt eingezeichnet. Wird hier der Einfachheit halber angenommen, daß Elastizitäts-, Proportionalitäts- und Fließgrenze etwa gleich groß sind und daß die Spannungen σ_s im Fließbereich konstant sind, so gilt für das durch die inneren Spannungen hervorgerufene Moment M_i

$$M_i = 2 \int_0^{\frac{S_e}{2}} b y\, \sigma_e dy + 2 \int_{\frac{S_e}{2}}^{\frac{S}{2}} b y\, \sigma_0\, dy \tag{3}$$

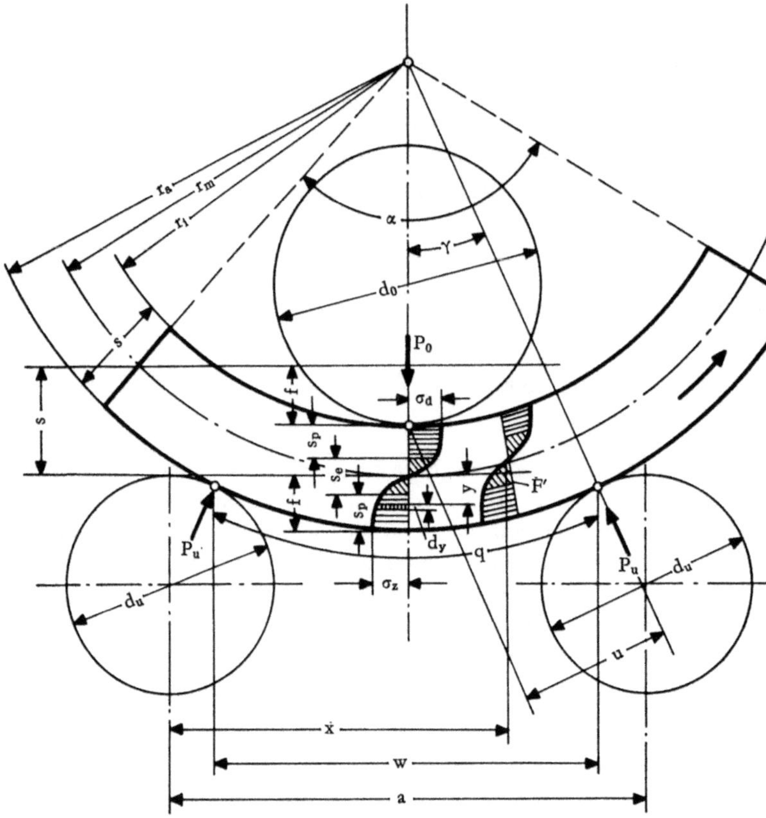

Abb. 6 Erläuterung der Bezeichnungen gemäß Anhang S. 59 und 60

Die Schichttiefe s_e ist abhängig von dem Krümmungshalbmesser r_m. Aus der Krümmung des Bleches läßt sich die Gleichung ableiten:

$$0{,}5\, s_e = r_m \cdot \varepsilon_e \tag{4}$$

$$\varepsilon_e = \frac{\sigma_s}{E} \tag{5}$$

$$\frac{\sigma}{y} = \frac{\sigma_s}{r_m} \Big/ \; \varepsilon < \varepsilon_e \tag{6}$$

$$\sigma_e = y \, \frac{\sigma_s}{r_m \cdot \varepsilon_e} \tag{7}$$

$$M_i = \frac{2\, b \sigma_0}{r_m \cdot \varepsilon_e} \int_0^{r_m \cdot \varepsilon_e} y^2 dy + 2\, b \sigma_0 \int_{r_m \cdot \varepsilon_e}^{\frac{S}{2}} y \cdot dy \tag{8}$$

$$M_i = \frac{b\, s^2}{4} \cdot \sigma_s - \frac{1}{3}\, b \sigma_s\, r_m^2 \cdot \varepsilon_e^2 \tag{9}$$

Die Gl. (9) gilt in den Grenzen $r_m < \frac{s}{2\,\varepsilon_e}$ bis $r_m = \frac{s}{2\,\varepsilon_b}$. Für $r \gtreqless 100\,s$ kann bei Gl. (9) ohne großen Fehler das zweite Glied vernachlässigt werden. Dann ist

$$M_i = \frac{b\,s^2 \cdot \sigma_s}{4} \tag{10}$$

FLENDER stützt sich in seinem Rechenwerk auf eine ältere Dissertation WALTHERS [3]. Die später von WOLTER erarbeiteten Erkenntnisse [4], wonach $\sigma_2 = \sigma_d = \sigma_0$ nicht gilt und die spannungsfreie Faser nicht der geometrischen Mittelfaser entspricht, waren WALTHER und FLENDER noch unbekannt. Aus diesen Gründen wird der Fortgang des FLENDERschen Rechenwerkes nicht weiter zitiert, es werden vielmehr nur die Ergebnisse zusammengestellt. Zunächst wird $M_b = M_i$ gesetzt. Für große Bereiche gilt:

$$r_m = 100\,s \ldots \frac{17\,500}{\sigma_B} \cdot s$$

$$P_u = \frac{b \cdot s^2 \cdot \sigma_B}{4_u} - \frac{b \cdot \sigma_B \cdot r_m^2 \cdot \varepsilon_e^2}{3_u} \tag{11}$$

$$= \frac{b \cdot \sigma_B (3 \cdot s^2 - 4\,r_m^2 \cdot \varepsilon_e^2)}{12u} \tag{12}$$

Wird der Bereich von $r_m < 100\,s \ldots 25\,s$ betrachtet, so entfällt das letzte Glied in Gl. (5), es wird:

$$P_u = \frac{b \cdot s^2 \cdot \sigma_B}{4u} \tag{13}$$

Für kleine Bereiche $r_m < 25\,s$ gilt:

$$Pu = \frac{b \cdot s^2\,\sigma_B}{4u} + \frac{b \cdot \vartheta}{3_u} \left(\frac{(s^3 - 3)\,s^2 (\varepsilon_b \cdot r_m)}{4} + \varepsilon_b^3 \cdot r_m^3 \right) \tag{14}$$

worin $\vartheta = 70\,\sigma_B/s$ nach den Werten von FLENDER empirisch angenommen werden kann. Die Schwierigkeit bei der Ausrechnung zeigt sich schon in der Annahme des unter den Werkstoffangaben zumeist fehlenden ε_e-Wertes. Man sollte daher auch für den Bereich $r_m = 100\,s \ldots \frac{17\,500}{\sigma_B}\,s$ Gl. (13) wählen und für den Bereich $r_m < 25\,s$ der Gl. (13) einen Zuschlag von $0{,}02\left(25 - \frac{r}{s}\right)$ hinzuzufügen. Im übrigen führt die Durchrechnung der Gl. (12) und (14) in der dort angegebenen Form mitunter zu unwahrscheinlichen Werten; so können in Gl. (12) beide Glieder einander aufheben und in Gl. (14) wird das zweite Glied ungewöhnlich groß.

Bei seiner Bestimmung der Walzabmessungen nimmt FLENDER an, daß die Walzen durch das Blech gleichmäßig belastet werden. Um möglichst einfache Formeln zu erhalten, wurde gemäß Abb. 7 die größte Blechbreite gleich der Ballenlänge

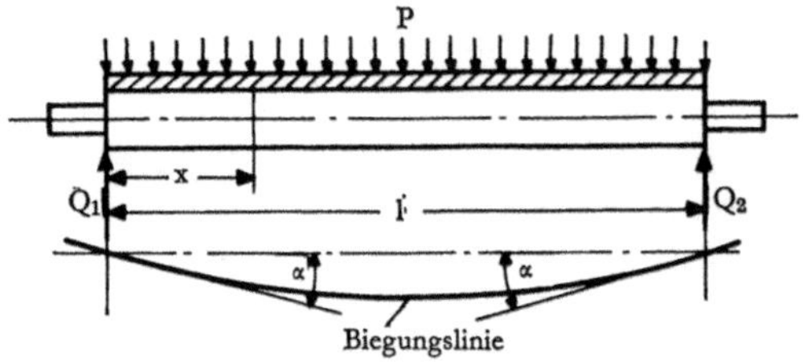

Abb. 7 Biegebeanspruchung einer Walze ohne Stützwalze auf ihre volle Ballenlänge dargestellt

der Walzen gesetzt. Ferner wird die Auflagerentfernung der Walzen gleich der Ballenlänge angenommen. Der hierdurch entstehende kleine Fehler wird nahezu dadurch aufgehoben, daß die Drücke in der Mitte der Walzen infolge der Walzendurchbiegung etwas geringer sind als an den Walzenenden. Die Eigengewichte der Walzen werden bei der Walzenberechnung nicht berücksichtigt, da diese im Verhältnis zu den Walzendrücken angeblich klein sind. Die Momentengleichung der Unterwalzen im Abstand x vom Lager lautet:

$$M_b = \frac{P_u}{2}\left(x - \frac{x^2}{l}\right) \tag{15}$$

Das größte Moment tritt bei $x = \frac{l}{2}$ auf.

$$M_{b\,\max} = \frac{P_u \cdot l}{8} \tag{16}$$

$$\frac{P_u \cdot l}{8} = W \cdot \sigma_{\text{zul}} \tag{17}$$

Die Durchbiegung f der Walzen im Abstand x vom Lager beträgt:

$$f = \frac{P_u}{24\,EJ}\left(l^2 x - 2\,x^3 + \frac{x^4}{l}\right) \tag{18}$$

Die größte Durchbiegung tritt bei $x = \frac{l}{2}$ auf.

$$f_{\max} = \frac{P_u}{EJ} \cdot \frac{5\,l^3}{384} \tag{19}$$

$$f_{\max} = i\,l, \quad \text{wobei} \quad i = 0{,}001 \tag{20}$$

$$\frac{P_u}{EJ} \cdot \frac{5\,l^3}{384} = i\,l \tag{21}$$

Die Walzen können eine größte zulässige Beanspruchung von $\sigma_{zul} = 12$ kp/mm² und eine größte zulässige Durchbiegung von $f_{max} = 0{,}001\, l$ erhalten bei einer Festigkeit der Walzen von 60 bis 70 kp/mm². Bei großen Ballenlängen liefert die Durchbiegungsgleichung (21) größere Walzendurchmesser, während für kleine Ballenlängen die Momentengleichung (17) benutzt werden muß. Um die Grenzen festzulegen, innerhalb denen Gl. (17) oder Gl. (21) anzuwenden ist, werden beide Gleichungen nach P aufgelöst, gleichgesetzt und l bestimmt. Daraus ergibt sich für $i = 0{,}001$ und $\sigma_{zul} = 12$ kp/mm².

$$l = \sim 8{,}8\, d \tag{22}$$

Bei einer Ballenlänge von 8,8 d erhält man nach Gl. (21) dieselben Walzendurchmesser.
Für $l > 8{,}8\, d$ ist Gl. (21), für $l < 8{,}8\, d$ ist Gl. (17) zu benutzen.
Die Oberwalze wird nach denselben Gleichungen berechnet. An Stelle von P_u wird P_o eingesetzt. Für die weitestgehende Ausnutzung einer Blechbiegemaschine, deren Walzen für die größte Blechbreite berechnet sind, ist es von Wichtigkeit, festzustellen, bis zu welcher Dicke Bleche von kleinerer Breite noch einwandfrei gebogen werden können. Für diesen in Abb. 8 dargestellten Belastungsfall sollen nachfolgend die Gleichungen für die Walzenbeanspruchung und Walzendurchbiegung angegeben werden.

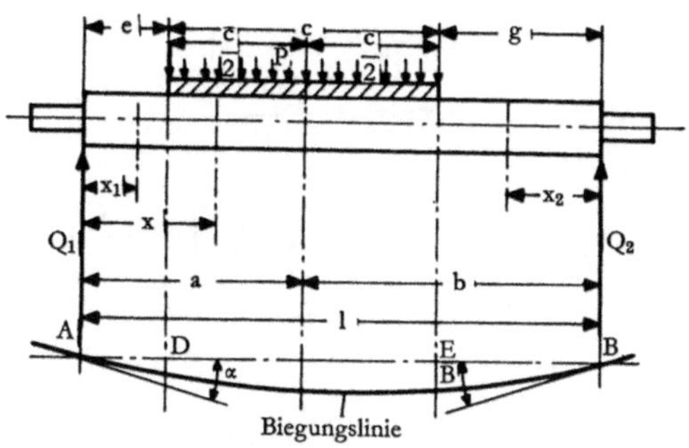

Abb. 8 Biegebeanspruchung einer Walze ohne Stützwalze auf einen Teil ihrer Ballenlänge

Die Momentgleichung der Unterwalzen lautet für die Strecke AD:

$$M_b = Q_1 \cdot x_1, \tag{23}$$

für

$$x_1 = a - \frac{c}{2},$$

$$M_{b\,max} = \frac{P \cdot b}{l}\left(a - \frac{c}{2}\right), \tag{24}$$

für Strecke BE:

$$M_b = Q_2 \cdot x_2, \tag{25}$$

für

$$x_z = b - \frac{c}{2},$$

$$M_{b\,\max} = \frac{P \cdot a}{l}\left(b - \frac{c}{2}\right), \tag{26}$$

für Strecke DE:

$$M_b = Q_1 x - \frac{P}{2c}\left(x - a + \frac{c}{2}\right)^2 \tag{27}$$

für

$$x = \frac{cb}{2l} + a - \frac{c}{2},$$

$$M_{b\,\max} = \frac{P \cdot b}{l}\left(\frac{cb}{2l} + a - \frac{c}{2}\right). \tag{28}$$

Die Durchbiegungsgleichungen der Unterwalzen lauten für Strecke AD

$$f = \alpha x_1 - \frac{1}{EJ}\frac{Q_1 x_1^3}{6} \tag{29}$$

für

$$x_1 = a - \frac{c}{2},$$

$$f = \alpha\left(a - \frac{c}{2}\right) - \frac{1}{EJ}\frac{Q_1\left(a - \frac{c}{2}\right)^3}{6} \tag{30}$$

für Strecke BE:

$$f = \beta x_2 - \frac{1}{EJ}\frac{Q_2 x_2^3}{6} \tag{31}$$

für

$$x_2 = b - \frac{c}{2}$$

$$f = \beta\left(b - \frac{c}{2}\right) - \frac{1}{EJ}\frac{Q_2\left(b - \frac{c}{2}\right)^3}{6} \tag{32}$$

für Strecke DE:

$$f = \alpha x - \frac{1}{EJ}\left[\frac{Q_1 x^3}{6} - \frac{P}{24\,\mathrm{c}}\left(x - a + \frac{c}{2}\right)^4\right] \tag{33}$$

$$\alpha = \frac{P}{EJ} b \left(\frac{4a^2 + 8ab - c^2}{24l} \right) \quad (34)$$

$$\beta = \frac{P}{EJ} a \left(\frac{4b^2 + 8ab - c^2}{24l} \right) \quad (35)$$

Durch Einsetzen der Werte von α und β in die Durchbiegungsgleichungen kann die Durchbiegung in jedem Querschnitt berechnet werden.
Um eine gleichmäßige Belastung beider Walzenzapfen zu erreichen, soll das Blech stets in der Mitte der Walzenballen in die Maschine eingeführt werden.
In Abb. 8 wird dann $a = b = \frac{l}{2}$ und $Q_1 = Q_2 = \frac{P}{2}$.
Das größte Biegungsmoment der Unterwalzen beträgt für $x = \frac{l}{2}$

$$M_{b\,\max} = P\left(\frac{l}{4} - \frac{c}{8}\right) \quad (36)$$

Die Durchbiegungsgleichungen lauten für Strecke AD:

$$f = \frac{P}{48\,EJ}(3\,l^2 - c^2 - 4\,x_2^2)\,x \quad (37)$$

für Strecke EB

$$f = \frac{P}{48\,EJ}(3\,l^2 - c^2 - 4\,x_2^2)\,x \quad (38)$$

für Strecke DE

$$f = \frac{P}{48\,EJ}\left[(3\,l^2 - c^2)\,x - 4\,x^3 + \frac{2}{c}\left(x - \frac{l}{2} + \frac{c}{2}\right)^4\right] \quad (39)$$

Die größte Durchbiegung tritt für $x = \frac{l}{2}$ auf

$$f_{\max} = \frac{P}{48\,EJ}\left(l^3 - \frac{c^2 l}{2} + \frac{c^3}{8}\right) \quad (40)$$

Für die Oberwalze gelten dieselben Gleichungen. An Stelle von P_u wird P_o eingesetzt. Die größte Durchbiegung der Walzen ist nur in Rechnung zu setzen, wenn die Blechbreite gleich oder annähernd gleich der Ballenlänge der Walze ist. Bei kleineren Bechbreiten kommt nur die Durchbiegung der Walze von den Blechenden bis zum Scheitel der Biegungslinie, also nur die Walzendurchbiegung innerhalb der Blechbreite, in Frage. Die nachteilige Wirkung der Walzendurchbiegung von den Blechenden bis zu den Stützpunkten der Walzen wird durch eine stärkere Zuspannung der Oberwalze ausgeschaltet. Werden auf einer Blechbiegemaschine Bleche von verschiedenen Breiten, aber mit denselben Widerstandsmomenten gebogen, so ist bei den schmaleren Blechen der Quotient –

Walzendurchbiegung innerhalb der Blechbreite dividiert durch die Blechbreite – stets kleiner als bei den Blechen mit größerer Blechbreite. Da die Walzen für die größte Blechbreite auf Durchbiegung berechnet sind, ist daher eine Nachrechnung auf Durchbiegung bei den schmaleren Blechen nicht nötig. Bei Blechen kleinerer Breite ist dagegen eine Nachrechnung der Walzenbeanspruchung erforderlich. Hierfür gilt für die Oberwalze die Gleichung:

$$\sigma_b = \frac{c \cdot s^2 \cdot \sigma_s \cos \gamma \, (2\,l - c)}{16\,u \cdot W} \tag{41}$$

und für die Unterwalze

$$\sigma_b = \frac{c \cdot s^2 \sigma_s (2\,l - c)}{32\,u \cdot W} \tag{42}$$

Für die größte Blechstärke bei Blechen von kleinerer Breite kann die Gleichung abgeleitet werden

$$s' = 4 \sqrt{\frac{\sigma_{\text{zul}} \cdot W \cdot u}{\sigma_s \cdot c\,(2\,l - c) \cos \gamma}} \tag{43}$$

W = Widerstandsmoment der Oberwalze
s' = Blechdicke bei der kleineren Blechbreite
s = Blechdicke bei $b = l$

Um eine Überbelastung der Walzenzapfen und der Maschine zu vermeiden, ist außerdem noch die Gleichung zu erfüllen:

$$s' \leqq s \sqrt{\frac{1}{c}} \tag{44}$$

Bei Biegemaschinen mit langen Walzen werden vorteilhaft die Unterwalzen durch Druckrollen unterstützt, um für den Biegevorgang günstige und verhältnismäßig kleine Unterwalzendurchmesser zu erhalten. Die Anordnung der Druckrollen ist in Abb. 9 dargestellt. Es wird angenommen, daß die drei Stützpunkte der Unterwalze in einer Ebene liegen und daß die Druckrolle in der Mitte der Walzenballen liegt.

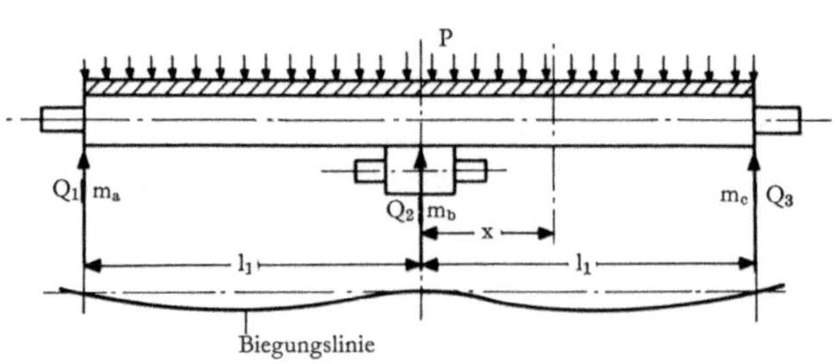

Abb. 9 Biegebeanspruchung einer Walze mit mittlerer Stützwalze auf ihre volle Ballenlänge

Q_1, Q_2, und Q_3 = Stützkräfte. M_a, M_b, M_c sind Momente über den Stützpunkten. Die Bestimmung der Momente über den Stützpunkten erfolgt nach der Clapeyronschen Gleichung.

$$M_a \cdot l_1 + 4\, M_b l_1 + M_c \cdot l_1 = -\tfrac{1}{2}\, P l_1^2$$

Es ist $M_a = M_c = 0$, (45)

$$M_b = \tfrac{1}{16}\, P l_1 = W \cdot \sigma_{zul} \tag{46}$$

Die Gl. (46) ergibt häufig bei kleinen Ballenlängen zu kleine Walzendurchmesser, die für den Biegevorgang nicht günstig sind. Die Durchmesser müssen dann entsprechend vergrößert werden.

Es muß also sein

$$W = \tfrac{1}{16}\, \frac{P l_1}{\sigma_{zul}} \tag{47}$$

W = Widerstandsmoment der Walzenballen. Das Moment in irgendeiner Entfernung x von der Stütze beträgt

$$M_x = M_b - \left(\frac{P + Q}{2}\right) x \tag{48}$$

für $x = l_1$ wird $M_x = M_c = O$

$$Q_2 = \tfrac{10}{16}\, P \tag{49}$$

$$Q_1 = Q_3 = \tfrac{3}{16}\, P \tag{50}$$

Aus der Gl. (48) kann die Durchbiegungsgleichung abgeleitet werden

$$f = -\frac{P}{96\, EJ}\left(5\, x^3 - \frac{2\, x^4}{l_1} - 3\, l_1 x^2\right) \tag{51}$$

Das Maximum der Durchbiegung liegt im Abstand

$$x = 0{,}5785\, l_1$$

$$f_{\max} = \frac{P l_1^3}{370\, EJ} \tag{52}$$

Werden auf den durch Druckrollen unterstützten Unterwalzen Bleche von kleinerer Blechbreite nach Abb. 10 gebogen, so sind die Momente in den Stützpunkten nach folgender Clapeyronschen Gleichung zu bestimmen:

$$M_a \cdot l_1 + 4\, M_b \cdot l_1 + M_c\, l_1 = -\frac{2\, P}{l_1} \int_a^{l_1} x_1 (l_1^2 - x_1^2)\, dx_1 \tag{53}$$

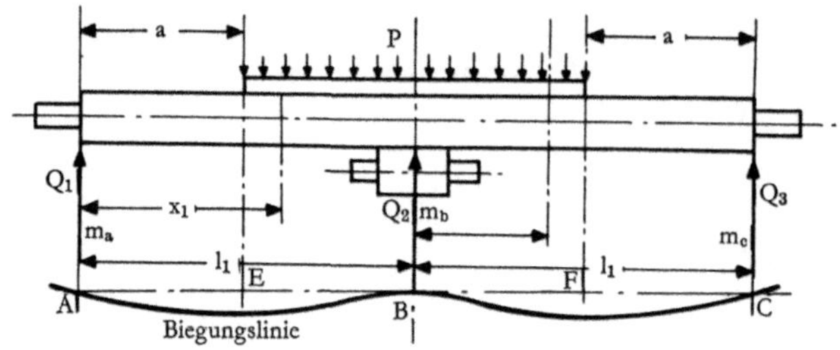

Abb. 10 Biegebeanspruchung einer Walze mit mittlerer Stützwalze auf einem mittleren Bereich

Es ist $M_a = M_c = 0$

$$M_b = -\frac{P_u}{16\,(l_1 - a)}\left(l_1^2 - 2\,a^2 + \frac{a^4}{l_1^2}\right) \tag{54}$$

Das Moment in der Entfernung l_1 von der Stützkraft Q_2 beträgt

$$M_c = M_b - \frac{P_u}{2}\left(a + \frac{l_1 - a}{2}\right) + \frac{Q_2}{2}\,l_1 = 0 \tag{55}$$

$$Q_2 = \frac{P_u}{8\,l_1\,(l_1 - a)}\left(5\,l_1^2 - 6\,a^2 + \frac{a^4}{l_1^2}\right)$$

$$Q_1 = Q_3 = \frac{P_u - Q_2}{2} \tag{56}$$

Das Moment in irgendeiner Entfernung x von der Stützkraft Q_2 beträgt auf der Strecke BF

$$M_x = M_b - \frac{P\,x^2}{4\,(l - a)} + \frac{Q_2}{2}\,x \tag{57}$$

Hieraus ergibt sich die Durchbiegung

$$f = -\frac{1}{48\,EJ}\left(24\,M_b\,x^2 - \frac{P \cdot x^4}{l_1 - a} + 4\,Q_2 \cdot x^3\right) \tag{58}$$

Das Moment in irgendeiner Entfernung x von der Stützkraft Q_2 beträgt auf der Strecke FC

$$M_x = M_b - \frac{P\,x}{2} + \frac{P\,(l_1 - a)}{4} + \frac{Q_2}{2}\,x \tag{59}$$

Hieraus ergibt sich die Durchbiegung

$$f = -\frac{1}{24\,EJ}\,[12\,M_b\,x^2 - 2\,P\,x^3 + 3\,P\,(l_1 - a)\,x^2 + 2\,Q_2\,x^3] \tag{60}$$

Bei den durch Druckrollen unterstützten Unterwalzen liegt die Durchbiegung der auf Festigkeit berechneten Walzen stets weit unter der zulässigen Grenze. Diese Walzen brauchen daher nur auf Festigkeit berechnet zu werden. Soweit die Ausführungen FLENDERS. An dieser Stelle mögen die sich auf den gleichen Gegenstand beziehenden Gedankengänge GEIGERS [5] vorweggenommen werden. Unter Bezugnahme auf die in Abb. 8 oben angegebenen Maßbezeichnungen betragen die größte Biegebeanspruchung $M_{b\,\max}$, die durch eine Streckenlast nach Abb. 8 hervorgerufen wird:

$$M_{b\,\max} = \frac{2g + c}{2l}\left[e + \frac{c(2g + c)}{4l}\right] P \tag{61}$$

Diese Beanspruchung ist in jedem Falle zutreffend und zur Berechnung der Walzen anzusetzen. Meist ist aber der Unterschied zwischen e und g gering, so daß vor allem bei Walzen mit großer Arbeitsbreite c ohne wesentlichen Fehler $e = g$ gesetzt werden darf. Diese Annahme diente auch FLENDER zur Rechnungsvereinfachung vor Gl. (36). Dafür ist dann die größte Biegebeanspruchung:

$$M_{b\,\max} = \frac{P}{2}\left(\frac{l}{2} - \frac{c}{4}\right) \tag{62}$$

Für die Beurteilung der Walzendurchbiegung ist es völlig ausreichend, die Durchbiegung über der Arbeitsbreite zu untersuchen. Für sie gilt die Gleichung:

$$f = \frac{P}{EJ} \cdot \frac{l^3}{24}\left[\frac{x}{l} - 2\left(\frac{x}{l}\right)^3 + \left(\frac{x}{l}\right)^4\right] \tag{63}$$

Hierbei ist x der Abstand von Mitte Auflager nach der Biegemitte zu gemessen.

4.2 *Rechnung nach* OEHLER [6]

Für die Anstellkraft P_o der Oberwalze, über die in einem Durchgang geleistete Arbeit A und über die Leistung N in PS werden folgende Beziehungen aufgestellt:

$$P_o = \frac{c_1 \cdot b \cdot s^2 \cdot \sigma_B}{w} \tag{64}$$

Dabei beträgt der Rechnungsbeiwert c_1 etwa 0,7. Die Ausrechnung von P_u ergibt sich auf Grund der geometrischen Beziehungen nach Abb. 6 aus Gl. (2). Für die über einen Gesamtwinkel α in einem Durchgang geleistete Arbeit A in mkp gilt folgende Beziehung mit r_a als äußeren Halbmesser in mm des zu biegenden Mantels und c_2 als weiteren Beiwert

$$A = \frac{c_2 \cdot P \cdot 2 \cdot r_a \cdot \pi \cdot \alpha \cdot (r_a - 0{,}5\sqrt{4\,r_a^2 - u^2})}{360\,w} \tag{65}$$

Zur Ermittlung von c_2 wurden noch keine Untersuchungen durchgeführt. Auf der einen Seite ist anzunehmen, daß dieser Beiwert über 1 liegen müßte, um die rollende Reibung während des Beginns, aber insbesondere den nicht unerheblichen Wirkungsgrad aller Getriebeteile des Motors zu berücksichtigen. Hierfür könnte ein Wert von 1,5 geschätzt werden. Auf der anderen Seite darf nicht vergessen werden, daß während des Durchbiegens über den Biegeweg entsprechend der Bogenhöhe über der waagerechten Linie zwischen den Blechauflagepunkten der beiden Unterwalzen die Kraft P_0 nicht den in Gl. (64) errechneten Höchstwert behält, so daß als mittlere Kraft mit etwa dem 0,6- bis 0,7fachen Wert von P_0 zu rechnen ist. Es ist also dann für den Ausdruck $2 \cdot \pi \cdot c_2$ ein Wert von rd. 6,0 anzunehmen. Die Arbeitskraft A in m/kp wird daher nach folgender Formel (66) berechnet:

$$A = \frac{P_0 \cdot \alpha \cdot r_a (r_a - 0{,}5 \sqrt{4 r_a^2 - u^2})}{60\, w} \tag{66}$$

Ist die Arbeitsgeschwindigkeit v in m/min oder mm/sec der Blechrundmaschine bekannt, so läßt sich aus dem Verhältnis vom Weg, bzw. Umfang des Mantels und der Arbeitsgeschwindigkeit die Zeit t in sec für einen Durchlauf ausrechnen, so daß dafür die Leistung N in PS berechnet wird zu

$$N = \frac{A}{75 \cdot t} \tag{67}$$

Vom Verfasser wurde zur Ermittlung der Anstellkraft P_0 noch ein anderes graphisches Verfahren vorgeschlagen. Auf die dafür notwendigen Einheitsmomentenkurven sei an dieser Stelle ausdrücklich hingewiesen [7]. Die Anwendung dieser ermittelten Einheitsmomente bei der Berechnung der Walzenanstellkraft für das Rundbiegen wird im späteren Abschnitt 6.3 zu Abb. 35 und 36 an Beispielen aus hier vorliegenden Versuchen erläutert.

4.3 Rechnung nach GEIGER [5]

GEIGER geht ebenso wie ZÜRCHER von M_i aus, wofür er allerdings eine andere Beziehung aufstellt:

$$M_i = \frac{b \cdot s^2}{4}\, \sigma_s \left[1 - \frac{4}{3}\left(\frac{r_m \cdot \varepsilon}{s}\right)^2\right] \tag{68}$$

Damit wird die Unterwalzenbelastung

$$P_u = \frac{M_i}{u} \tag{69}$$

und die Belastung der Oberwalze:

$$P_o = 2\, P_u \cdot \cos \gamma = \frac{2\, M_i \cos \gamma}{u} \tag{70}$$

Weiter gilt für den wirksamen Hebelarm:

$$u = r_m \cdot \sin\gamma = \frac{0{,}5\, w \cdot r_m}{r_m + \frac{s}{2} + \frac{d_u}{2}} \tag{71}$$

Da $\frac{s}{2}$ gegenüber $r_m + \frac{d_u}{2}$ sehr klein ist, kann dieser Wert vernachlässigt werden. u nimmt mit kleiner werdendem Biegeradius sehr stark ab. Die Zunahme von M_i einerseits und die gleichzeitige Abnahme von u andererseits ergeben nach Gl. (69) und (70) einen sehr starken Anstieg der Walzenbelastungen. Für die Berechnung bei der Konstruktion von Rundbiegemaschinen ist für die anzusetzende Höchstbelastung der kleinstmögliche Biegeradius ($r_m \approx 15 \div 20\, s$) bei den maximalen Blechabmessungen zugrunde zu legen. Die Walzenbelastung der anbiegenden Walzen ist:

$$P_o = \frac{M_i}{u} \tag{72}$$

wobei u erfahrungsgemäß etwa bei 2–2,5 s liegt. Um die Frage zu beantworten, welche Blechdicke bei kleinerer Arbeitsbreite b noch verarbeitet werden kann, ist folgendes zu erwägen:

a) bei Ausnutzung der ganzen Arbeitsbreite b_1 gilt:

$$M_{i1} = \frac{b_1 \cdot s_1^2}{4} \cdot \sigma_s \tag{73}$$

$$P_1 = \frac{M_{i1}}{u_1} = \frac{b_1 \cdot s_1^2}{4_{u1}} \cdot \sigma_s \tag{74}$$

$$M_{b1} = \frac{P_1}{2}\left(\frac{l}{2} - \frac{b_1}{4}\right) \tag{75}$$

b) bei kleinerer Blechbreite b_2 gilt:

$$M_{i2} = \frac{b_2 \cdot s_2^2}{4} \cdot \sigma_s \tag{76}$$

$$P_2 = \frac{M_{i2}}{u_2} = \frac{b_2 \cdot s_2^2}{4\, u_2} \cdot \sigma_s \tag{77}$$

$$M_{b2} = \frac{P_2}{2}\left(\frac{l}{2} - \frac{b_2}{4}\right) \tag{78}$$

Setzt man nun in beiden Fällen dieselbe maximale zulässige Biegebeanspruchung in der Walze voraus, so muß

$$M_{b1} = M_{b2} \tag{79}$$

sein. Berücksichtigt man noch, daß bei gleichem Biegebereich auch $u_1 = u_2$ ist, so ergibt sich aus Gl. (79) unter Verwendung der Gln. (74) und (77) die bei der kleineren Blechbreite b_2 zulässige Blechstärke s_2 zu:

$$s_2 = s_1 \sqrt{\frac{b_1}{b_2} \cdot \frac{(2\,l - b_1)}{(2\,l - b_2)}} \tag{80}$$

Die Blechrundmaschinen besitzen entweder eine angetriebene Walze und zwei bzw. drei Schleppwalzen, oder aber zwei angetriebene Walzen und eine Schleppwalze. In keinem Fall sind alle Walzen angetrieben. Die Schleppwalzen müssen durch die Reibung zwischen Blech und Walze mitgenommen werden. Sieht man zunächst von dem Massenträgheitsmoment der Walzen, das gegenüber dem Moment aus der Lagerreibung klein ist, ab, so muß vor allem die Lagerreibung überwunden werden. Soll also die Walze durch die Blechreibung bewegt werden, so muß die Gl. (81) erfüllt sein. Werden bezeichnet mit

r_1 = 0,5 d_u bzw. 0,5 d_o
r_2 = halber Walzenzapfendurchmesser
μ_1 = Reibungskoeffizient zwischen Blech und Walze
μ_2 = Reibungskoeffizient für das Zapfenlager
G = Walzengewicht,

so gilt

$$\mu_1 r_1 P \geqq \mu_2 r_2 (G - P) \tag{81}$$

und daraus

$$P \geqq \frac{\mu_2 r_2}{\mu_1 r_1 + \mu_2 r_2} G \tag{82}$$

Dieses P als P_o in Gl. (70) eingesetzt ergibt M_i und daraus nach Gl. (68) die Ausrechnung von $s_{\min}$. Bei den bestehenden Konstruktionen von Blechrundbiegemaschinen ist je nach Blechdicke eine Durchlaufgeschwindigkeit v von 3 bis 8 m/min gebräuchlich. In Einzelfällen wurde auch schon für dünnere Bleche eine Durchlaufgeschwindigkeit v bis zu 15 m/min angewandt. Bei einer Unterwalzenbelastung P_u nach Gl. (69) wird die auf das Blech durch die Reibung der zwei angetriebenen Walzen zu übertragende Arbeit unter Berücksichtigung des Leistungsverlustes durch die Oberwalze:

$$A_w = \left[2 \cdot \mu_1 \cdot P_u - \mu_2 \cdot \frac{r_2}{r_1} (P_o - G_o)\right] \cdot l \tag{83}$$

und die Leistung:

$$N_w = A_w \cdot v \tag{84}$$

Demgegenüber betragen die zum Biegen des Bleches erforderliche Biegearbeit und Biegeleistung:

$$A = \frac{b s^2}{4} \cdot \sigma_s \frac{q}{r_m} \left(1 - 2 \frac{r_m \cdot \varepsilon}{s}\right) \tag{85}$$

$$N = A \cdot v \tag{86}$$

(Die Gln. (84) und (86) können schon dimensionsmäßig nicht zutreffen, es wird auf Gl. (67) verwiesen.)

4.4 *Rechnung nach* Zürcher [8]

Zürcher nennt für das Anstellmoment M_a folgende Beziehung:

$$M_a = \frac{P \cdot w}{4} = S \cdot \sigma_s \tag{87}$$

Bei elastischer Biegung werden die Randfasern an keiner Stelle über die Fließspannung σ_s hinaus beansprucht. Für diesen Fall lautet Gl. (87)

$$M_a = \frac{P \cdot w}{4} = W \cdot \sigma \tag{88}$$

W ist das Widerstandsmoment und beträgt für den rechteckigen Querschnitt bekanntlich:

$$W = \frac{b \cdot s^2}{6}$$

während als statisches Moment hierfür

$$S = \frac{b \cdot s^2}{4}$$

gilt.

Der Wert für M_a steigt bei Überschreiten der Fließspannung mit zunehmender Krümmung des Werkstückes an und erreicht, solange in den Randfasern die Fließspannung konstant bleibt, im Grenzfall einen um 50% größeren Wert als bei Beginn der plastischen Biegung in den Randfasern.

Bei einer Randdehnung von mehr als ungefähr 3%, d. h. bei Biegeradien, welche kleiner sind als etwa das 16fache der Werkstückdicke, wird die Spannung in den Randfasern größer als die Fließspannung; die Fließgrenze wird also überschritten. Dadurch nimmt M_a über den Wert nach Gl. (87) hinaus weiter zu. Diese Zunahme hängt vom Verlauf der Spannungsdehnungslinie des betreffenden Werkstoffes ab.

Die Größe w ist nicht konstant, sondern verkleinert sich mit zunehmendem Biegeradius. Es ist, wenn das gebogene Werkstück als Kreisbogen angesehen wird:

$$\frac{w}{2} = r_a \cdot \sin\gamma,$$

andererseits gilt:

$$\sin\gamma = \frac{a}{2\,(r_a + 0{,}5\, d_u)}$$

Mit dem Unterwalzenabstand a und dem Unterwalzendurchmesser d_u wird

$$w = \frac{a(1 - 0{,}5\, s/r_a)}{1 + 0{,}5\, d_u/r_a} \tag{89}$$

Der Ausdruck $0{,}5\, s/r_a$ im Zähler ist klein gegenüber eins und kann praktisch vernachlässigt werden. Die Gl. (89) vereinfacht sich dann zu

$$w = \frac{a}{1 + 0{,}5\, d_u/r_a} \tag{90}$$

Mit Gl. (90) wird Gl. (87) zu

$$P_o = S \cdot \sigma_s \frac{4\left(1 + \dfrac{0{,}5\, d_u}{r_a}\right)}{a} \tag{91}$$

Für den rechteckigen Querschnitt ist $S = \dfrac{b \cdot s^2}{4}$; daher

$$P_o = b \cdot s^2 \cdot \sigma_s \cdot \left(\frac{1 + \dfrac{0{,}5\, d_u}{r_a}}{a}\right) \tag{92}$$

Zu Gl. (92) wurde vorausgesetzt, daß die Oberwalze in der Mitte zwischen den Unterwalzen angeordnet ist. Ist dies nicht der Fall, d. h. ist der Mittenabstand a zwischen den beiden Unterwalzen und der Oberwalze ungleich, d. h. $a = a_1 + a_2$, so muß die Kraft P_o zur Erzielung der gleichen Biegung größer sein. Bezeichnet a_1 den kleineren Abstand, so ist bei geradem Werkstück

$$P_o = \frac{S \cdot \sigma_s \cdot w}{(w - a_1)\, a_1} \tag{93}$$

und Gl. (91) wird z. B. für $a_1 = \dfrac{w}{4}$ zu:

$$P_o = S \cdot \sigma_s \cdot \frac{5{,}33\left(1 + \dfrac{0{,}5\, d_u}{r_a}\right)}{a} \tag{94}$$

Auch die Fließspannung σ_s in Gl. (87) ist keine konstante Größe; sie nimmt mit zunehmender Dehnung zu. Außerdem erfährt sie eine Zunahme durch Kaltverfestigung. Bei Stahlblech ist diese Zunahme bei größerem Kohlenstoffgehalt größer als bei geringerem, wie dies auch für die Formänderungsfestigkeit beim

Stauchen zutrifft. Da beim Anbiegen und Runden die Dehnungen relativ klein sind, soll im folgenden σ_s als konstant angenommen werden.
Die erforderliche äußere Kraft P leistet beim Anstellen die Arbeit $P_0 \cdot m$ (m = Anstellweg der Oberwalze), welche der eigentlichen inneren Verformungsarbeit im Werkstück entspricht. Zur rechnerischen Bestimmung dieser Arbeit werde angenommen, daß die Dehnung ε im Angriffspunkt der in der Mitte wirkenden Kraft P_0 am größten sei und sowohl nach der neutralen Faserschicht als auch nach den Seitenwalzen hin linear abnehme, und daß alle auf Biegung beanspruchten Fasern fließen. Das Differential der Arbeit ist dann:

$$dA = F \cdot \sigma_s \cdot \frac{\varepsilon}{2}\, dq;\; \varepsilon = \varepsilon_0 \cdot \frac{q}{0{,}5\, w} \tag{95}$$

wobei ε_0 = Dehnung der inneren und äußeren Randfasern im Angriffspunkt von P_0 ist.
Die gesamte Arbeit ergibt sich als doppeltes Integral über der Länge q von $q = 0$ bis $q = \frac{w}{2}$, und zwar ist:

$$A = \frac{F \cdot \sigma_s \cdot s \cdot q}{8\, r_m} \tag{96}$$

Für den rechteckigen Querschnitt ist nach Gl. (87)

$$\sigma_s = \frac{P_0 \cdot w}{b \cdot s^2}$$

Damit folgt

$$A = \frac{P_0 \cdot w \cdot q}{8\, r_m} = M_a \cdot \frac{q}{2\, r_m} \tag{97}$$

Der Anstellweg der Oberwalze beträgt hiernach, da $A = P \cdot m$ ist etwa

$$m = \frac{w \cdot q}{8\, r_m} \tag{98}$$

Die eigentliche Leistung in kW für das Anstellen erhält man unter Benutzung der Gl. (92) und der Anstellgeschwindigkeit v zu

$$N_a = \frac{P_0 \cdot v}{102} \tag{99}$$

Sie steigt mit P_0 beim Größtwert von $\frac{r}{r_m}$ und konstantem σ_s nahezu auf das Doppelte des Betrages an, welchen sie bei dem möglichsten Kleinstwert von $\frac{r}{r_m}$ annimmt.

ZÜRCHER bringt in seinen anschließenden Ausführungen Hinweise über die Berechnung der Motorenleistung unter Berücksichtigung der Schneckenantriebe und ihrer Wirkungsgrade, worauf hier verzichtet wird. Da der Anstellantrieb bei stufenweisem Anstellen auch unter Last anlaufen muß, ist es notwendig, das hierbei erforderliche Anlaufmoment besonders zu ermitteln, denn es kann wesentlich größer sein als das Moment, welches zum Anstellen selbst benötigt wird. Beim Anlaufen ist neben den Reibungskoeffizienten der Ruhe auch die Trägheit der rotierenden Massen zu berücksichtigen. Wird der Antrieb für das Runden nach dem Anstellen eingeschaltet, so bewegt sich das Werkstück mit der Umfangsgeschwindigkeit der Biegewalzen, und die beim Anstellen bewirkten Dehnungen im Werkstück pflanzen sich in diesem mit gleicher Geschwindigkeit fort. Hierbei muß die angetriebene, z. B. in der Mitte liegende Biegewalze ein Moment aufbringen, welches rechnerisch bestimmt werden kann. Es sei dabei angenommen, daß beim Runden auch die mittleren Materialfasern zum Fließen gebracht werden. Sämtliche Querschnitte des gleichmäßig gerundeten Werkstücks erfahren dabei die gleiche Dehnung. Diese ist in den Randfasern am größten und nimmt nach der Mitte hin gleichmäßig auf Null ab. Ihr Größtwert liegt bei

$$\varepsilon_0 = \frac{s}{2\,r_m}$$

Das Differential der aufzuwendenden Verformungsarbeit beträgt:

$$dA = F \cdot \sigma_s \frac{\varepsilon_0}{2} \cdot dq \qquad (100)$$

Über die Biegelänge q = Länge des Werkstücks zwischen den Auflagepunkten auf den Unterwalzen integriert, ergibt sich:

$$A = \frac{F \cdot \sigma_s \cdot \varepsilon_0 \cdot q}{2} \qquad (101)$$

Für den rechteckigen Querschnitt ist nach Gl. (87) mit $S = \frac{b \cdot s^2}{4}$

$$\sigma_s = \frac{P \cdot w}{b \cdot s^2}$$

Damit wird

$$A = \frac{P \cdot w \cdot q}{4\,r_m} \qquad (102)$$

Diese Arbeit muß von der Biegewalze auf das Werkstück übertragen werden. Daher ist das Drehmoment der Biegewalze

$$M_r \cdot \alpha = \frac{P \cdot w \cdot q}{4\,r_m}$$

Mit $\alpha = \frac{l}{0{,}5\, d_u}$ wird

$$M_r = \frac{P \cdot w}{8} \cdot \frac{d_u}{r_m} \qquad (103)$$

Die eigentliche Leistung zum Runden ergibt sich in kW zu

$$N = \frac{M_r \cdot \omega}{102} \text{ [kW] oder } \frac{M_r \cdot \omega}{75} \text{ [PS]} \qquad (104)$$

mit ω = Winkelgeschwindigkeit der Biegewalze. Die notwendige Motorleistung erhöht sich um die Reibleistung, welche in ihrer Größe wesentlich davon abhängt, ob die Walzen in Gleit- oder Walzlagern geführt werden. Bei Gleitlagern beträgt sie etwa 100% der Leistung nach Gl. (104), d. h. der Wirkungsgrad des Antriebes für das Runden beträgt etwa 50%.

Die nach Gl. (104) sich ergebende Leistung ist erforderlich, um das gerade Werkstück nach dem Anstellen in einem Durchgang in der neutralen Faser auf den Radius r zu runden. Erfolgt das Runden stufenweise, d. h. in mehreren Durchgängen, so ist die Leistung in jeder Stufe geringer. Die eigentlichen Verformungsleistungen sind in den einzelnen Stufen dann einander gleich, wenn z. B. bei drei Stufen der in der ersten Stufe erzielte Radius das Dreifache und der in der zweiten Stufe erzielte das Doppelte des in der dritten Stufe zu rundenden Radius beträgt, entsprechend der Gl. (103)

$$M_r = \frac{P_0 \cdot w \cdot d_u}{8\, r_m} \qquad (105)$$

Da jedoch die Drücke nicht dieser Proportion unterliegen, ist der Wirkungsgrad der Maschine beim stufenweisen Runden geringer. Auch nehmen die Drücke mit der Anzahl der Stufen infolge Kaltverfestigung schneller zu als beim Runden in einem Durchgang auf den gleichen Radius, auf welchen das Werkstück in der letzten Stufe gebracht werden soll. Daher ist der bezogene Arbeitsbedarf in kW-Stunden beim stufenweisen Runden erheblich größer als beim Runden in einem Durchgang. Die weiteren Ausführungen Zürchers beziehen sich auf Gelejis Rechenwerk, worüber im folgenden berichtet wird.

4.5 Rechnung nach Geleji [9]

Geleji geht davon aus, daß in jedem Querschnitt der inneren Schicht von der Stärke e ein durch die elastische Spannung erzeugtes Moment $M_e = \sigma_s \cdot W_e$ wirksam wird; das den bleibend gebogenen Stab geradezurichten trachtet. Die Gleichung der Momente in jedem beliebigen Querschnitt F' des an der ablaufenden Seite liegenden Stabteils lautet nach Abb. 6:

$$\frac{P}{2} \cdot x - P\left(x - \frac{a}{2}\right) - \sigma_s \cdot \frac{2\, J_e}{e} - \sigma \cdot b\left(\frac{s^2 - e^2}{4}\right) = 0 \qquad (106)$$

wobei σ die in der bleibend verformten Schicht von der Dicke $s' = \frac{s - e}{2}$ auftretende elastische Spannung bezeichnet. Aus Gl. (106) erhält man

$$\sigma = \frac{2 \cdot P(a - x) - \frac{8 \cdot \sigma_s \cdot J_e}{e}}{b \cdot (s^2 - e^2)} \tag{107}$$

An der Stelle, wo $\sigma = 0$ ist, wechselt die in den verformten Schichten wirkende elastische Spannung das Vorzeichen:

$$2 \cdot P(a - x) - \frac{8 \cdot \sigma_s \cdot J_e}{e} = 0 \tag{108}$$

$$x = \frac{P \cdot a - 4 \cdot \sigma_s \cdot \frac{J_e}{e}}{P} \tag{109}$$

Wenn bereits ein Teil des Stückes die zweite Unterwalze verlassen hat, tritt ein Gleichgewichtszustand ein, bei dem der Krümmungshalbmesser des Stabes

$$r_{i2} = \left[1 + \frac{2}{3} \cdot \frac{s_e^3}{s} \cdot \frac{1}{s^2 - s_e^2}\right] \cdot r_{i1} \tag{110}$$

$= \text{const}$ ist, da $J_e = \text{const}$.

Es ist nun zu bestimmen, welche Durchbiegung f durch die konzentrierte Kraft P erzeugt werden muß, damit die neutrale Linie des Stabes zwischen den beiden Auflagerollen in der Länge w die Kreisbogenform mit dem Halbmesser r_i annimmt. Zu bestimmen ist ferner die Größe der Kraft P, die zum Hervorbringen der Durchbiegung f erforderlich ist. Die Größe der Durchbiegung f wird annäherungsweise durch Gleichung

$$r_{\max} = \frac{s \cdot E}{2 \cdot \sigma_s} \tag{111}$$

angegeben. Denn bei Biegehalbmessern über $r_{\max}$ tritt keine bleibende Formänderung ein. Ob allerdings die sich aus dem Halbmesser $r_{\max}$ ergebende Sehnenhöhe als Durchbiegungsmaß genügt, erscheint gegenüber den in der Praxis geübten Verfahren als zweifelhaft. Immerhin mag dieser Wert einen Anhalt für die Bemessung der Biegewalzenanstellung vermitteln. Um eine bleibende Formänderung hervorzurufen, ist eine Belastungskraft von

$$P = \frac{\sigma_s \cdot b}{6 \cdot w}\left[3\, s^2 - \left(\frac{2 \cdot \sigma_s}{E}\right)^2 \cdot r_m^2\right] \tag{112}$$

erforderlich. Die Arbeit des Biegens beträgt

$$A = M \cdot \alpha$$

folglich ist

$$A = \sigma_s \cdot \left[\frac{3\,s^2 - s_e^2}{12}\right] b \cdot \alpha \tag{113}$$

In dieser Formel bedeuten σ_s die Fließgrenze des Werkstoffes, s die Dicke, b die Breite des Stabes, α den Biegungswinkel, s_e die Dicke der inneren elastischen Schicht, die durch die Formel

$$s_e = \sigma_s \cdot \frac{2 \cdot r_m}{E} \tag{114}$$

bestimmt wird. Diese Gleichung ist selbstverständlich nur dann gültig, wenn $r_m < r_f$ da $r_f = \frac{E \cdot s}{2 \cdot \sigma_s}$ der kleinste Krümmungshalbmesser ist, bei der noch keine bleibende Formänderung des Stabes erfolgt.

$$A = \sigma_s \left[\frac{s^2 - s_e^2}{12}\right] b \cdot \alpha = \frac{\sigma_s \cdot b}{12}\left[3\,s^2 - \left(\frac{2 \cdot \sigma_s \cdot r_i}{E}\right)^2\right] \alpha \tag{115}$$

Der Leistungsbedarf in mkp/sec beträgt

$$N_0 = \frac{A}{\mathrm{t}} = \frac{\sigma_s \cdot b}{12 \cdot r_i}\left[3\,s^2 - \left(\frac{2 \cdot \sigma_s \cdot r_i}{E}\right)^2\right] \cdot v \tag{116}$$

In dieser Formel ist v die Umfangsgeschwindigkeit der Rollen. Der Leistungsbedarf der reinen Verformungsarbeit beträgt in PS

$$N = \frac{1}{75} \cdot \frac{\sigma_s \cdot b}{12 \cdot r_i}\left[3\,s^2 - \left(\frac{2 \cdot \sigma_s \cdot r_i}{E}\right)^2\right] \cdot v \tag{117}$$

4.6 Zusammenfassung der Berechnungsgrundlagen

In der beigefügten Taf. 1 sind die Gleichungen für Kraft, Arbeit und Leistung des Walzenhauptmotors nach den Berechnungsverfahren I bis V von Flender (1934), Oehler (1952), Geiger (1954), Zürcher (1954) und Geleji (1960) zusammengestellt. Allerdings ist das später (1960) bekanntgewordene Ermittlungsverfahren auf Grund der Einheitsmomentenkurven [7] hierin nicht enthalten, da es eine vorwiegend graphische und weniger eine rechnerische Bestimmungsmethode ist, die das Vorhandensein der Einheitsmomentenkurven der betreffenden Werkstoffe voraussetzt und schließlich hiernach der Kraftverlauf während des Biegevorganges dargestellt wird, jedoch weder A noch N ermittelt werden. Immerhin wird auch dieses Verfahren [7] bei der rechnerischen Auswertung der Beispiele in Abschnitt 6.2 in Verbindung mit Taf. 3 und Abb. 20 und 21 berücksichtigt.

Taf. 1 Gleichungen für Kraft, Arbeit, Leistung

	Empfohlen von (Gleichungen)	Oberwalzenkraft P_o kp	Arbeit A mmkp	Leistung N PS
I	FLENDER $r_m > 100\,s$	$P_o = 2\cos\gamma\left(\frac{b \cdot s^2 \cdot \sigma_B}{4\,u} - \frac{b \cdot \sigma_B \cdot r_m^2 \cdot \varepsilon_e^2}{3\,u}\right)$		$\left(N = \frac{P_o \cdot v}{75}\right)$
	$r_m < 100\,s$ (11, 13)	$P_o = \frac{b \cdot s^2 \cdot \sigma_B \cdot \cos\gamma}{2\,u}$		
II	OEHLER (64, 65, 67)	$P_o = \frac{0{,}7 \cdot b \cdot s^2 \cdot \sigma_B}{w}$	$A = \frac{P_o \cdot \alpha \cdot r_a\,(r_a - 0{,}5\sqrt{4\,r_a^2 - w^2}}{60\,w}$	$N = \frac{A}{75\,t}$
III	GEIGER (66, 81)	$P_o = \frac{b \cdot s^2\,\sigma_s \cos\gamma}{}\left[1 - \frac{4}{3}\left(\frac{r_m \cdot \varepsilon}{s}\right)^2\right]$	$A = \frac{b \cdot s^2 \cdot \sigma_s \cdot q}{4\,r_m}\left(1 - \frac{2\,r_m \cdot \varepsilon}{s}\right)$	$\left(N = \frac{P_o \cdot v}{75}\right)$
IV	ZÜRCHER (88, 93, 95)	$P_o = b \cdot s^2 \cdot \sigma_s\left(\frac{1 + \frac{0{,}5\,d_u}{r_a}}{a}\right)$	$A = \frac{P_o \cdot w \cdot q}{8\,r_m}$	$N = \frac{P_o \cdot v}{75}$
V	GELEJI (108, 111, 113)	$P_o = \frac{\sigma_s \cdot b}{6\,w}\left[3\,s^2 - \left(\frac{2\,\sigma_s \cdot r_i}{E}\right)^2\right]$	$A = \frac{\sigma_s \cdot b \cdot \alpha}{12\,r_i}\left[3\,s^2 - \left(\frac{2\,\sigma_s \cdot r_i}{E}\right)^2\right]$	$N = \frac{\sigma_s \cdot b \cdot v}{75 \cdot 12 \cdot r_i}\left[3\,s^2 - \left(\frac{2\,\sigma_s \cdot r_i}{E}\right)^2\right]$

Taf. 2 Anwendung der Gleichungen in Taf. 1 zu den Berechnungsbeispielen nach Abb. 15 bis 18

Abb.		15	16	17	18
	b	4 010		8 100	4 500 mm
	s	19,5		18	21 mm
	r_i	962,5		993	537,5 mm
	u	$600 \rightarrow 500 \cong 550$		$600 \rightarrow 500 \cong 550$	$600 \rightarrow 400 \cong 500$ mm
	σ_B	37		37	52 kp/mm²
	σ_s	25		25	38 kp/mm²
	α	223°	137°	180°	360°
I Flender	P_o	44 500		76 500	89 200 kp
	A	—	—	—	— mmkp
	N	56,7		97,5	114 kW
II Oehler	P_o	71 700		123 000	143 000 kp
	A	20 350	13 100	47 400	27 300 mmkp
	N	1,03		3,32	1,27 kW
III Geiger	P_o	20 700		35 000	18 150 kp
	A	129 000	81 000	1 260 000	1 140 000 mmkp
	N	26,5		44,6	23 kW
IV Zürcher	P_o	79 000		135 500	180 000 kp
	A	21 500 000	12 700 000	58 400 000	70 500 000 mmkp
	N	101		172,5	228 kW
V Geleji	P_o	34 500		64 500	74 800 kp
	A	2 210 000	1 360 000	3 200 000	12 650 000 mmkp
	N	12		22,6	44,5 kW

Die Ergebnisse aller fünf Autoren weichen erheblich voneinander ab. Wenn in jener Tafel die einfache Leistungsgleichung (99) nach ZÜRCHER (IV) auch bei FLENDER (I) und bei GEIGER (III) vertreten ist, so nur deshalb, weil bei FLENDER (I) jegliche Leistungsangaben fehlen und die von GEIGER (III) empfohlene Gleichung infolge eines Dimensionsfehlers nicht aufgenommen werden konnte. Da FLENDER und GEIGER nur die Unterwalzenkräfte ermittelt haben, war die Umrechnung in P_0 nach Gl. (99) erforderlich. In jenen Gleichungen sind Hinweise auf Reibwerte nicht enthalten, obwohl in den zugehörigen Veröffentlichungen [2, 5, 6, 8, 9] auf den Reibungseinfluß hingewiesen wurde. Ebenso wurde bei allen Rechenverfahren angenommen, daß die Belastung der Walze in ihrer vollen Breite gleichmäßig ist. Von obigen Autoren gingen nur FLENDER und GEIGER auf die Walzenbelastung überhaupt ein. Tatsächlich kommt es aber vor, daß sich die Blechfläche nicht nur in der Biegeebene entsprechend dem Halbmesser r_m in Abb. 6 sondern auch senkrecht zu ihr krümmt, wozu insbesondere plattierte Bleche höherer Festigkeit neigen. Infolgedessen werden die Walzen – meist die Oberwalzen – nicht in Linienberührung gleichmäßig über ihre volle Breite, sondern in Punktberührung nur an den äußersten Blechtafelrändern, aber dafür dort sehr viel stärker belastet, so daß hierdurch Brüche eintreten. Daher wird zu 7.5 ein Sicherheitsbeiwert von 1,1 zu d_0 in derartigen Fällen empfohlen. Über die praktische Anwendung der Gleichungen in Taf. 1 wird in Verbindung mit Taf. 2 noch unter 6.1 berichtet.

5. Durchführung der Versuche

5.1

Die Untersuchungen wurden zunächst in einer Kesselfabrik durchgeführt. Zur Verfügung stand eine Dreiwalzenrundbiegemaschine für 4000 mm Arbeitslänge deren Unterwalzen 460 mm ⌀ und deren Oberwalzen 760 mm ⌀ aufweisen. Der Hauptantrieb der beiden Unterwalzen wird durch einen BBC-Motor, Type HMSR 188/B 3 mit 88,5 kW Leistung bei 380 V im Dreieck und 965 U/min aufgebracht. Der Anstellantrieb der Oberwalze erfolgt durch einen BBC-Motor, Type SWS 13 D-6/B 3 mit 37 kW Leistung bei 380 V im Dreieck und 965 U/min. Die Leistungsaufnahmen beider Motoren können am Steuerpult an zwei Strommessern der Firma Hartmann & Braun getrennt abgelesen werden. Der Strommesser des Hauptwalzenantriebes ist im Bereich von 0 bis 300 A zu je 10 A und im Bereich von 300 bis 600 A zu je 50 A, derjenige des Anstellantriebes im Bereich von 0 bis 100 A zu je 10 A und im Bereich von 100 bis 200 A zu je 50 A unterteilt. Der Klappantrieb und die Kippvorrichtung werden von zwei Motoren, Type DF 44/B 5 mit je 4 kW Leistung und 1420 U/min betätigt. Die Spannung und die Gesamtstromaufnahme der Walze wurde an einem Ampèremeter auf der Hauptschalttafel abgelesen. Die Durchlaufgeschwindigkeit der zu biegenden Teile wurde mit 0,083 m/sec festgestellt.

Gebogen wurde eine 58 mm dicke Platte 2500×6000 mm aus 15 Mo 3 (Mo 67 – 1359) plattiert mit 13% Cr (V 1855 – 7334). An Festigkeitsdaten wies dieser Werkstoff ein $\delta_5 = 22\%$, $\sigma_B = 45 \ldots 55$ kp/mm² und $\sigma_s > 29$ kp/mm² auf. Der Biegehalbmesser r im ersten Durchlauf konnte weder gemessen noch geschätzt werden, im zweiten Durchlauf betrug r etwa 4000 mm und im dritten Durchlauf etwa 2500 mm. Hier brach die Walze, wonach die Versuche abgebrochen werden mußten. Die Ablesung an den elektrischen Meßinstrumenten war infolge andauernder Schwankungen innerhalb kürzester Perioden außerordentlich schwierig. Sieht man von den Stromstößen während der Umsteuerung ab und beschränkt die Ablesung auf den Biegeablauf im Zwischenbereich, so konnte beim Hauptantrieb im Leerlauf 140 A, mit Blech 150 A abgelesen werden. Das sind also nur 10 A bzw. 7% Unterschied. Hingegen stieg die Stromaufnahme des Anstellmotors von 38 A im Leerlauf bis äußerstenfalls 200 A, allerdings nur stoßweise, das sind 7 kW über der Nennleistung von 37 kW. Die Abb. 11 zeigt die Ansicht der Maschine während des Biegens, Abb. 12 das Schaltpult derselben mit den Ableseinstrumenten. Der Bruch geschah an der in Abb. 11 dargestellten linken Kante des zu biegenden Bleches. Dieses Blech mit der Plattierung an der Innenseite berührte die Oberwalze während der Rundung nur an den äußersten Kanten und trug im mittleren Bereich nur an den Unterwalzen. Es ist bei der Berechnung der Walzen einem solchen Umstand unbedingt Rechnung zu tragen. Dies ist immerhin eine nicht unwichtige Erkenntnis, die gelegentlich dieses Versuches gewonnen wurde.

Abb. 11 Runden einer 56 mm dicken plattierten Tafel auf einer Dreiwalzenrundbiegemaschine für 4000 mm Ballenlänge

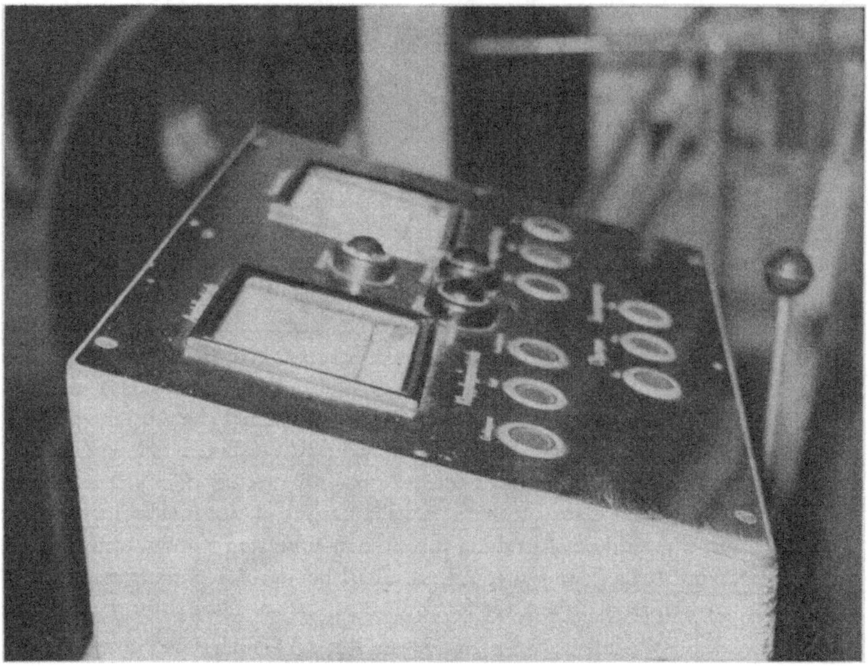

Abb. 12 Schaltpult zur Maschine nach Abb. 11

Im Hinblick auf diese durch den Walzenbruch verursachte Störung wurden die Rundbiegeversuche fortgesetzt an einer anderen älteren, nicht mit derartigen Meßgeräten ausgerüsteten Dreiwalzenrundbiegemaschine. Dort wurden 18 mm dicke Kesselblechschüsse von 2600 mm Durchmesser auf 3800 mm Arbeitsbreite *b* gebogen. Der Durchmesser der Oberwalze betrug 500 mm, derjenige der Unterwalze 430 mm. Während des Rundbiegens schlug der Stromstärkemesser bis zu 20 A aus. Auch hier gewann man den Eindruck, daß der Leistungsunterschied der Elektromotoren für den Walzenhauptantrieb und für die Oberwalzenanstellung bei Leerlauf gegenüber Arbeitseinsatz nur gering ist und höchstens 10% der Leerlaufleistung ausmacht. Die Schwankungen des Instrumentes infolge plötzlicher Netzbelastung übersteigen den durch zusätzliche Biegearbeit bedingten Anteil an Stromstärke bei weitem. Daher wurde auf eine Auswertung dieser Versuche verzichtet.

5.2

Die Versuche in einem Werk der Großrohrfertigung wurden an einer Vierwalzenbiegemaschine fortgesetzt, deren ballig angedrehte Oberwalze 765 mm Durchmesser, deren Seitenwalzen 600 mm Durchmesser, deren Unterwalze 700 mm

Durchmesser und deren Oberwalzenhub 250 mm aufweisen. Hier ging man gegenüber den zu 5.1 beschriebenen Versuchen bereits einen Schritt weiter insofern, als man sich nicht mit den vorhandenen Meßinstrumenten begnügte, sondern sowohl für den Anstellmotorantrieb als auch den Walzenmotorantrieb je einen Leistungsmesser, einen Spannungsmesser und einen Stromstärkemesser, also insgesamt sechs Instrumente zur Ablesung vorsah. Im Ergebnis waren freilich die Messungen infolge der dauernden Schwankungen kaum zuverlässiger.

5.3

Um nicht vom subjektiven Meßwert, d. h. von der Beobachtung der Meßinstrumente zu stark abhängig zu sein, zumal zuverlässige Ablesungen infolge der häufigen Stromstöße im Netz kaum möglich waren, sollte mittels Registriervorrichtung und Oszillograph gemessen werden. Das dafür vorhandene Gerät ließ sich leider nicht an die Vierwalzenrundbiegemaschine anschließen. Es wurden daher im gleichen Werk an einer Dreiwalzenrundbiegemaschine eines Oberwalzendurchmessers von 685 mm, eines Unterwalzendurchmessers von 475 mm, einer Arbeitsbreite der Walze von 8300 mm und eines Hubes von 170 mm die Messungen fortgesetzt. Als Registriergerät stand ein Oszilloport zur Verfügung. Der Oszilloport ist ein tragbarer Lichtstrahl-Oszillograph und mit vier Schleifenschwingern ausgestattet, zu denen ein weiterer Schwinger für die Zeitschreibung und ein Nullinienspiegel hinzukommen. Die Intensität des Lichtstromes kann während des Oszillographierens automatisch hellgesteuert werden. Der Strahlengang läßt sich auf der Justierscheibe vor der Verschlußblende, also am Ausgang des optischen Weges, leicht überprüfen und jederzeit durch Nachstellung der Spaltblenden und der Schwingerlage nachjustieren. Ein Polygonspiegel zeigt auf einer Mattscheibe das ablaufende Oszillogramm vor und während der Aufnahme. Im Registrierteil ist der Papierablauf durch ein mittels Schalthebel bequem umschaltbares Getriebe in weiten Grenzen von 4 bis 10 m/s einstellbar. Durch das Vorgabeprinzip wird das Registrierpapier mit hoher Beschleunigung zum Anlauf gebracht. Aufbau und Arbeitsweise des Oszilloport-Gerätes sind an anderer Stelle ausführlich beschrieben [10]. Der Zeitschreiber erzeugte am oberen Bandrand alle 0,5 sec eine Punktmarke. Drei Schleifenschwinger waren gleichzeitig im Einsatz und erzeugten drei Schriftzüge, von denen der obere die Leistung des Anstell-Motors, der mittlere diejenige des Hauptwalzenantriebmotors und der untere die Walzenanstellung aufzeichneten. Die technischen Daten für die Antriebsmotoren lauten:

Anstellung:	SSW WOR 1661/8 Nr. 4454121
	500 V Sternschaltung, 64 kW, 725 U/min
	Läufer: 217 V, 184 A

Stromwandler	
Anstellung:	300/5 A

Hauptwalze: 2 × AEG DC 500/100 Nr. 625338 und Nr. 625341
500 V, 78 A, 75 PS bzw. 55 kW, 490 U/min
Läufer: 390/555 V

Stromwandler
Hauptwalze: 2 × 100/5

Die Abb. 13 zeigt die Hubmeßeinrichtung für die Oberwalze mit angeklemmter Meßvorrichtung für die Hubänderung. Vom Zeiger zur Scheibenskala des Hubanzeigegerätes wurde über eine gekreuzte Antriebsschnur ein dort angeklemmter Widerstand betrieben, so daß die hierdurch veränderte Stromstärke nach Zwischenschaltung von Verstärkern auf die untere Schleife des Oszilloports übertragen wurde. Es entsprechen 1 mm Höhenunterschied der unteren Kurve des Registrierstreifens etwa 10 mm Anstellhöhe.

Abb. 13 Oberwalzenhubanzeiger mit angeklemmter Meßeinrichtung für die Hubänderung

6. Ergebnisse

6.1 Oszillogramme

Aus den vorausgegangenen Hinweisen, insbesondere zu Abschnitt 5 dieser Ausführungen, ist genügend ersichtlich, daß die Messungen zumeist infolge Netzstörungen durch Stromspitzen anderer Verbraucher ungünstig beeinflußt wurden. Wenn auch die Oszillogramme immerhin einen genaueren Meßnachweis ergaben, als es rein subjektive Beobachtungen sein können, so zeigten doch hier die Aufzeichnungen ganz einwandfrei, daß aus der ermittelten Leistung bzw. aufgenommenen Stromstärke nur sehr wenig über die Einflüsse von Festigkeit, Biegehalbmesser und Arbeitsbereiche auf den Leistungsverbrauch zu ersehen ist. zu den hier dargestellten Oszillogrammen sei folgendes gesagt:

Zu Abb. 14:

Es handelt sich hier um ein Eichdiagramm, wobei sowohl die Stromstärken des Anstellmotors als auch des Walzmotors im Leerlauf gemessen wurden. Zum Streifenvorschub wurde bereits unter Ziffer 5.3 angegeben, daß die Entfernungen zwischen den Punkten der oberen Randkante 0,5 sec entspricht, so daß der Vorschub des Registrierstreifens mit 4,7 mm/s ermittelt wurde. Somit ist die Zeit für die einzelnen Durchläufe und bei bekanntem Bogenmaß auch die Durchlaufgeschwindigkeit ohne weiteres zu berechnen. Der Anstellmotor im Leerlauf erzeugt eine Oszillogrammbreite von etwa 14,5 mm. Beim Einschalten erfordert die Beschleunigung für den Anlauf eine Stromspitze von 32 mm Breite. Die 14,5 mm entsprechen etwa 42 A Stromstärke. Der Statorstrom im Walzmotor erzeugt einen wesentlich schmäleren Streifen von etwa 6,9 mm im Leerlauf, die 34 A Stromstärke entsprechen. Bei der Beschleunigung während des Anfahrens wird diese Oszillogrammbreite bis auf 17 mm vergrößert. Die unterste Kurve, in Abb. 32 und 33 als waagerechte Streifenparallele erscheinend, zeichnet die Walzenanstellung auf, wobei 1 mm Höhenunterschied einer Anstellung von 10 mm entspricht. Darauf wurde in Verbindung mit Abb. 13 bereits hingewiesen. Die

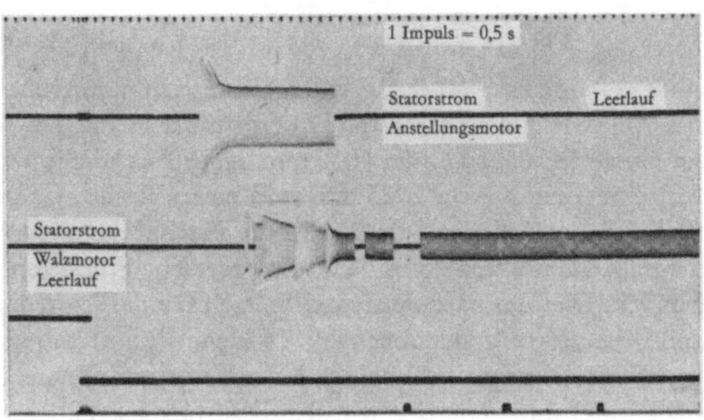

Abb. 14 Eichstreifen zur Ermittlung der Zeit und der Stromstärken

Stromaufnahme beider Walzenmotoren wird der gemessenen kW-Leistung gegenübergestellt; 6 mm Oszillogrammbreite entsprechen 34 A oder 4,8 kW. Hiernach würde 1 mm Oszillogrammbreite 0,8 kW entsprechen, damit würden die Leerlaufleistungen der Antriebsmotoren bei Einschaltung der Walze – jedoch ohne Biegearbeit – $14{,}5 \times 0{,}8 = 11{,}6$ kW für den Anstellmotor und $6{,}9 \times 0{,}8 = 5{,}5$ kW für jeden der beiden Walzenhauptmotoren betragen.

Zu Abb. 15:

Die Abb. 15–18 zeigen die Oszillogramme beim Biegen verschiedener Rohrschüsse. Im allgemeinen wird der Anstellmotor nur während des Richtungswechsels eingeschaltet und nicht während des Durchlaufes, um gleichmäßig ge-

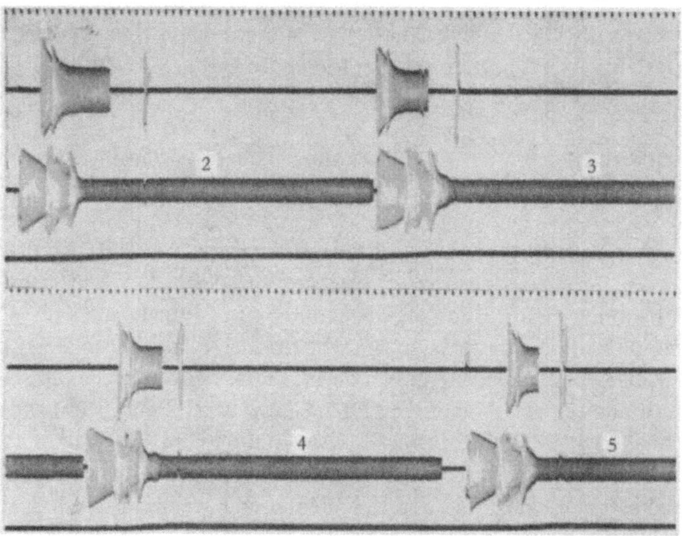

Abb. 15 Offener Rohrschuß (223°)
$s = 19{,}5$ mm
$b = 4010$ mm
$d_i = 1925$ mm
$\sigma_B = 35 \ldots 40$ kp/mm²

rundete Schüsse zu erhalten. Bei den Oszillogrammstreifen in Abb. 15 handelt es sich um den 2., 3., 4. und 5. bzw. letzten Durchlauf zur Herstellung eines offenen Rohrschusses einer Blechlänge b von 4010 mm, einer Blechdicke s von 19,5 mm, eines Innendurchmessers d_i von 1925 mm und einer Blechbreite von 3815 mm aus St 35–40. Bei diesem offenen Schuß wird die Blechbreite nicht vollgerundet, sondern nur bis zu einem Winkel von 223°. Das restliche Stück von 137° wird zu Abb. 16 behandelt. Die hier nachweisbaren Spitzen für die Anstellung sowie die Oszillogrammbreite zeigen gegenüber Abb. 14 keine Vergrößerung. Eine, wenn auch geringe, Vergrößerung ist allerdings beim Walzmotor festzustellen, wo an Stelle von 6,9 mm 7,1 mm gemessen wurden. Das wäre also ein Unterschied, der bei 0,16 kW liegt, demnach völlig unbedeutend ist.

Zu Abb. 16:

Auch dieses Teil wurde in fünf Durchläufen gebogen. Die Durchläufe zwei, drei und vier sind in Abb. 16 dargestellt. Es sind dieselben Daten wie beim Oszillogramm zu Abb. 15, nur mit dem Unterschied, daß hier die Breite nicht 3815 sondern 2332 beträgt, da es sich hier um das Ergänzungsstück zur vollgerundeten Form handelt, das einen Umfangswinkel von 137° umfaßt. Für den Anstellmotor erscheint die Oszillogrammbreite sogar noch schmaler als bei der Leerlaufeichung nach Abb. 14. Hingegen sind beim Walzmotor größere Oszillogrammbreiten zu beobachten, die beim 2. Durchlauf 7,9 mm, beim 3. Durchlauf 6,9 mm wie im

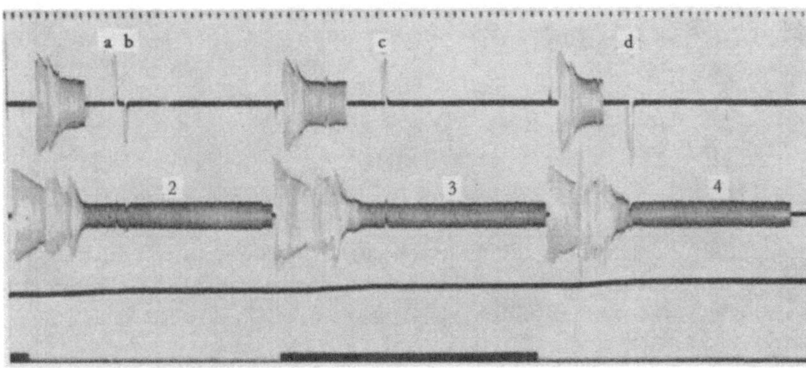

Abb. 16 Offener Rohrschuß (137°)
$s = 19{,}5$ mm
$b = 4010$ mm
$d_i = 1925$ mm
$\sigma_B = 35 \ldots 40$ kp/mm²

Leerlauf nach Eichoszillogramm Abb. 14 und im 4. Durchlauf 7,1 mm betragen. Dieser 1-mm-Unterschied entspricht, wie bereits beim Eichdiagramm erwähnt, einer zusätzlichen Belastung von 0,8 kW gegenüber dem Leerlauf. In diesem Oszillogramm zeigen sich bei a, b, c und d einige Störungen, die offensichtlich gerätebedingt und nicht maschinenbedingt sind, da sie sich in beiden Schleifen sowohl für den Anstellmotor als auch für die Walzmotoren abzeichnen.

Zu Abb. 17:

Hier wurden Halbschalen eines Umfangswinkels von 180°, d. h. halbierte Rohrschüsse hergestellt, und zwar aus einer Blechlänge $b = 8100$ mm, einer Blechdicke $s = 18$ mm und einem Innendurchmesser von 1986 mm. Das Material würde gemäß DIN 17100 einem Stahl MR St 37–2 eines $\sigma_B = 37 \ldots 45$ kp/mm^2 entsprechen. Das Teil wurde in sechs Durchläufen gewalzt. Der siebente Durchlauf lief nur während einer kurzen Strecke. Im ersten Durchlauf wurde wiederholt gestoppt. Dafür wurde eine Oszillogrammbreite bis zu 9 mm gemessen. Eine Gleichmäßigkeit in der Herstellung trat erst bei dem 4., 5. und 6. Durchlauf ein gemäß Abb. 17. Die Oszillogrammbreite für den Anstellmotor wurde hier noch

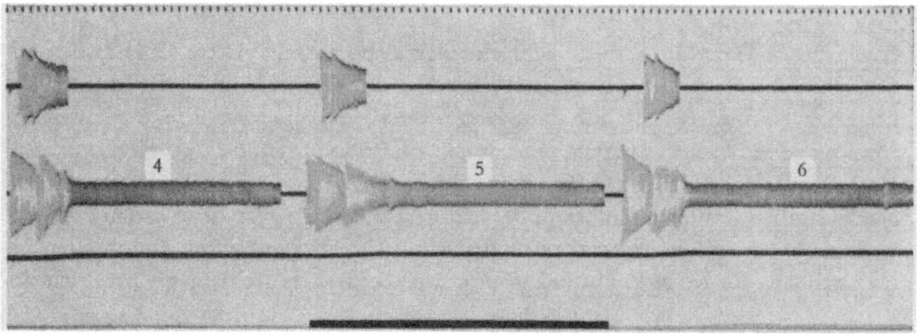

Abb. 17 Halbschalen (180°)
s = 18 mm
b = 8100 mm
d_i = 1986 mm
MRSt 37–2

geringer aufgezeichnet, als sie dem Eichdiagramm zu Abb. 14 entspricht. Ebenso ergaben die Walzmotor-Oszillogrammbreiten gegenüber dem Eichdiagramm keine bemerkenswerte Änderung. Im 6. Durchlauf erscheint die Oszillogrammbreite um etwa 0,1 mm im Mittel größer, dies ist jedoch unwesentlich.

Zu Abb. 18:

Hier handelt es sich um die Herstellung von Schüssen einer Blechlänge b von 4500 mm, einer Blechdicke s von 21,5 mm, einer Blechbreite von 3460 mm und

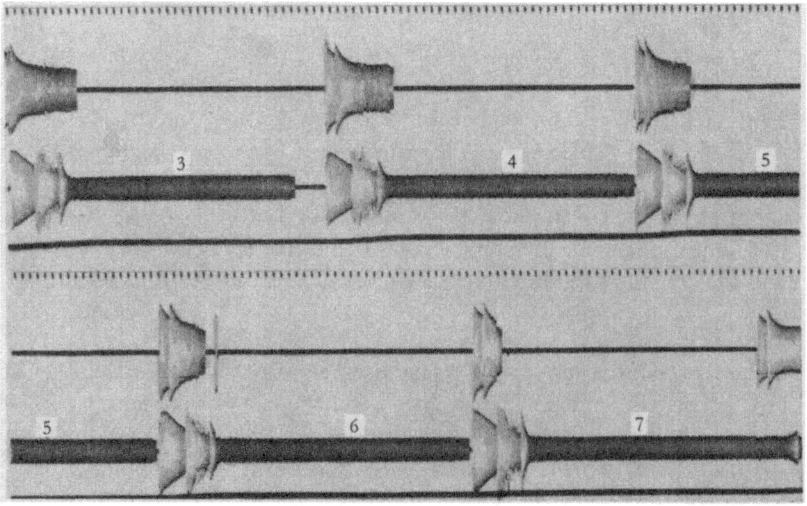

Abb. 18 Schüsse (360°)
s = 21,5 mm
b = 4500 mm
d_i = 1075 mm
σ_B = 47 ... 56 kp/mm²

einem Innendurchmesser von 1075 mm. Als Werkstoff kann die Kesselblechgüte 17 Mn 4 entsprechend einem Festigkeitsbereich zwischen 47 und 56 kp/mm² genannt werden. Das Oszillogrammbild ergab wiederum für den Anstellmotor kaum breitere Oszillogrammstreifen als sie im Eichdiagramm zu Abb. 14 nachgewiesen wurden. Die Rundung geschah in neun Durchläufen, wovon der 3. bis 7. Durchlauf hier abgebildet sind. Auch hierbei konnte gegenüber der Leerlaufleistung nach Abb. 14 kaum eine bemerkenswerte Erhöhung ermittelt werden.

Zu Abb. 19:

Die Abb. 19 zeigt einen Versuch, der in Verbindung mit dem zu Abb. 15 durchgeführt wurde, wobei an einem solchen Teil während des Durchlaufens die Anstellung erhöht wurde. Diese Erhöhung ist in der unteren Kurve durchaus wahrnehmbar. Trotzdem kann man nicht – wie erwartet – an dieser Stelle eine Vergrößerung der Walzen-Oszillogrammbreite erkennen. Aus diesen mageren Meßergebnissen folgt, daß reine Messungen des Stromverbrauches praktisch nichts bringen und daher für künftige Messungen Dynamometer zwischen angetriebener Walze und Antrieb eingebaut werden müssen.

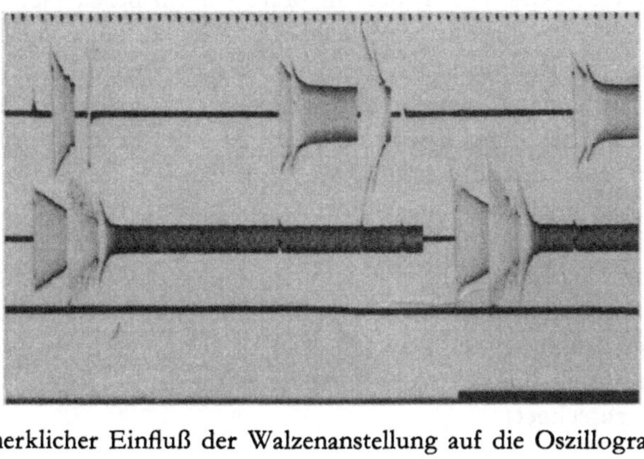

Abb. 19 Unmerklicher Einfluß der Walzenanstellung auf die Oszillogrammbreite des Walzenmotors

6.2 *Vergleich der Rechnungsergebnisse für N_w mit den Oszillogrammen*

Die in Taf. 1 enthaltenen Gleichungen wurden zur Nachrechnung der Oberwalzenkräfte P_0, des Arbeitsaufwandes A und der Hauptwalzenantriebsleistung N für die bei den Versuchen zu Abb. 15–18 verarbeiteten Werkstücke verwendet. Die Ergebnisse sind in Taf. 2 niedergelegt, die im oberen Teil unter Hinweis auf das jeweilige Oszillogramm dieses Forschungsberichtes weitere technische Angaben für das Rechenwerk enthält. Darunter befinden sich anschließend die ausgerechneten Werte zu P_0, A und N für die fünf verschiedenen Berechnungsverfahren I–V. Es ergeben sich hiernach ganz erhebliche Abweichungen, insbesondere in bezug auf die Leistung. Allerdings ist zu den Leistungsangaben N nach Flender (I) und GEIGER (III) zu sagen, daß diese dort angegebenen Formeln von ihnen nicht genannt wurden. Dafür wurde der Einfachheit halber auf die von ZÜRCHER (IV) empfohlene Formel zu N Bezug genommen, deshalb sind die bei GEIGER (III) und FLENDER (I) angegebenen Leistungsgleichungen dort eingeklammert. Auf Grund der zu Abb. 15–18 beschriebenen Oszillogramme dürfte hinsichtlich der Leistung N das Rechnungsverfahren nach OEHLER (II) noch am meisten den Meßergebnissen entsprechen. Diese kleinen kW-Beträge liegen durchaus in der Größenordnung, wie sie beim Biegen gegenüber der Leerlaufleistung hier gemessen wurden und wie dies unter 6.1 bei den Oszillogrammen bereits ausgeführt wurde.

Die Ermittlung der Oberwalzenkraft P_0 mittels Einheitsmomentenkurve setzt selbstverständlich voraus, daß für das betreffende Material eine Einheitsmomentenkurve bekannt ist. Für den Werkstoff des Blechteiles zu Abb. 18 ist eine Einheitsmomentenkurve noch nicht bekannt, hingegen für MSt 37, d. h., es können für die oszillographisch untersuchten Teile zu Abb. 15–17 die Oberwalzenkräfte P_0 nach Abgreifen des zugehörigen Einheitsmomentes ermittelt werden. (Diese Einheitsmomentenkurve findet sich in dem Buch des Verfassers unter Ziffer [7] des Literaturverzeichnisses und ist dort in Bild 14 mit d bezeichnet. Sie wird daher hier nicht noch einmal herausgezeichnet.) Die Abb. 20 zeigt eine fertig gebogene Blechtafel in ihrer Endform nach fünf Durchläufen. Zwischen den Walzen wurde sie insgesamt 40 mm tief gepreßt. Auf Grund der untersten Kurve in den diesem Rundbiegeteil zugehörigen Oszillogrammen zu Abb. 15 und 16 ist der Vorschub ziemlich gleichmäßig und beträgt zwischen jedem Durchlauf etwa 8 mm. Es ist daher in Taf. 3 in Spalte 1 die Nummer des Durchlaufes, in Spalte 2 die zuvor insgesamt zurückgelegte Tiefe h, die proportional zunimmt, und in Spalte 3 die Auflageweite u angegeben, die von der ursprünglichen Weite von 600 mm bis auf 500 mm abnimmt, wobei die Abstufung für u immer kleiner wird. Der Halbmesser r_u, worunter näherungsweise $0{,}5\,(r_a + r_i)$ zu verstehen ist, wird entweder graphisch oder durch die Näherungsgleichung für den Halbmesser des Kreisabschnittes ausgerechnet:

$$r_u = \frac{h}{2} + \frac{u^2}{8\,h} \qquad (118)$$

Der Wert für r_u ist in Spalte 4, der Wert für $\frac{r_u}{s}$ in Spalte 5 und der hiernach von der Einheitsmomentenkurve abzugreifende Einheitsmomentenwert in kp/mm² in Spalte 6 eingetragen. Jetzt ist nur das Moment M durch Multiplikation mit $b s^2$ für Spalte 7 zu berechnen und dieses Moment mit $0{,}25\,u$ zu dividieren, um in der letzten Spalte 8 hieraus den Wert von P_0 zu entnehmen. In Abb. 20 rechts sind im 20fach vergrößerten Maßstab die Anstelltiefe h senkrecht nach unten und hiervon nach rechts die P_0-Werte für die einzelnen Durchläufe aufgetragen. Dies ergibt eine stetig zunehmende P_0-Kurve, die über den Verlauf der Kräfte während des Biegevorganges Aufschluß gibt. Das gleiche wird in Abb. 21 für die halbgerundeten Schalen gemäß Oszillogramm zu Abb. 17 wiederholt. Hier sind die

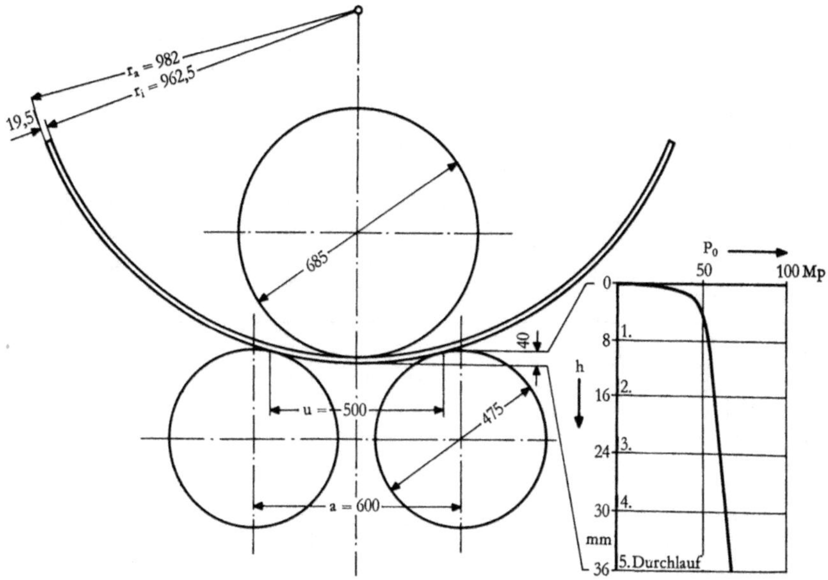

Abb. 20 P_o-Verlauf zu den Biegeteilen nach Abb. 15 und 16

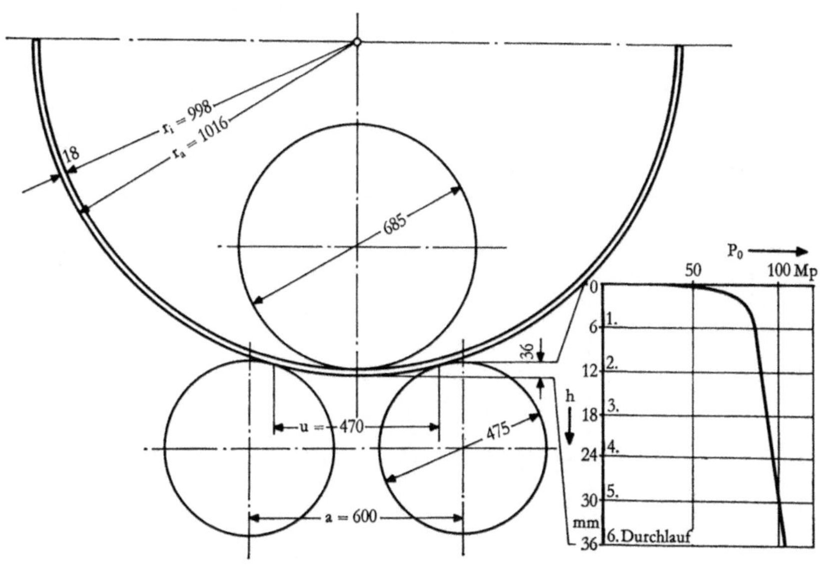

Abb. 21 P_o-Verlauf zum Biegeteil nach Abb. 17

Taf. 3 Bestimmung des P_0-Verlaufes aus Einheitsmomentenkurven

	1	2	3	4	5	6	7	8
für Teil	Durchlauf	Tiefe b mm	Auflageweite u mm	Biegehalbmesser $r_u \cong \frac{b}{2} + \frac{u^2}{8b}$ mm	Dehnwert $\frac{r_u}{s}$	Einheitsmoment Σ mmkp/mm³	Biegemoment $M = \Sigma \cdot b \cdot s^2$ mmkp	$P_o = \frac{M}{4u}$ kp
zu Abb. 15, 16								
b = 4010 mm	1	8	560	6700	343	4,77	7 450 000	53 400
s = 19,5 mm	2	16	530	3000	154	4,91	7 660 000	57 800
r_i = 962,5 mm	3	24	516	1 0	92	5,05	7 860 000	60 900
u = 600 → 500 mm	4	32	506	1300	67	5,13	8 000 000	63 300
σ_B = 37 kp/mm²	5	40	500	972	50	5,36	8 360 000	67 000
(hierzu Abb. 20)								
zu Abb. 17	1	6	565	7000	388	4,82	12 800 000	88 500
b = 8100 mm	2	12	536	3240	180	4,86	12 900 000	91 200
s = 18 mm	3	18	512	2140	119	5,00	13 300 000	96 000
r_i = 993 mm	4	24	492	1560	87	5,09	13 500 000	98 600
u = 600 → 500 mm	5	30	478	1220	68	5,18	13 750 000	101 000
σ_B = 37 kp/mm²	6	36	470	1007	56	5,27	14 000 000	103 500
(hierzu Abb. 21)								

P_0-Kräfte erheblich höher, was daran liegt, daß diese Schalen doppelt so lang sind wie die Teile zu Abb. 15 und 16. Im ersteren Fall beträgt nämlich der Ausdruck bs^2 $4010 \times 380 = 1\,560\,000$ mm³, im zweiten Fall $8100 \times 324 = 2\,660\,000$ mm³. Vergleicht man die letzte Spalte in Taf. 3 mit den ausgerechneten P_0-Werten in Taf. 2, so liegen diese in ihrer Größenordnung über den Werten der Berechnungsverfahren III, V und I, jedoch unter den Werten der Verfahren II und IV. Da hier nicht nur der P_0-Verlauf während der einzelnen Durchläufe ermittelt werden kann, was nach den anderen Rechnungsverfahren möglich ist, und außerdem hierbei die Werte den jeweiligen Dehnungsverhältnissen entsprechend aus den Einheitsmomentenkurven abgegriffen werden können, die wiederum von den Fließkurven abgeleitet werden, so mag dieses Verfahren als verhältnismäßig zuverlässig gelten.

6.3 Diagrammatische Erfassung der Ergebnisse

Es besteht kein Zweifel darüber, daß nach den Resultaten des vorausgehenden Abschnittes 6.2 die Kraft- und Leistungsberechnungen im theoretischen Teil zu Hauptabschnitt 3 dieses Berichtes in keiner Weise dem Meßergebnis zu N_w nach 6.1 entsprechen. Es gibt hierfür nur die Erklärung, daß im Verhältnis zu den hohen Gewichten der bewegten Massen der Rundmaschine die Umformkräfte zum Rundbiegen der damit herzustellenden Blechteile unerheblich sind. Die großen Getriebe für die mehrfach gestuften Walzengeschwindigkeiten, die eine Übersetzung von $n = 1450$ bis herunter auf $n = 15 \ldots 4$ U/min erreichen müssen, verzehren einen erheblichen Leistungsanteil. Das gleiche gilt für die Anstellmotoren. Um den hohen Anteil der Leerlaufleistung an der Gesamtleistung auch bei den Anstellantrieben darzulegen, seien hier zwei grundsätzlich voneinander abweichende Antriebsarten erläutert. Einmal zeigt Abb. 22 den Schnitt durch die Druckspindel mit Verstellantrieb an einer Dreiwalzenblechrundbiegemaschine der Wilhelmsburger Maschinenfabrik Hinrichs & Sohn, Geesthacht bei Hamburg. Ein besonderes Merkmal dieser Bauart sind die vertikal verstellbaren Unterwalzen. Die Verstellung geschieht durch die in verschiedener Drehrichtung einschaltbare Antriebswelle *a* mit Schneckentrieb, wobei das Schneckenrad *b* mit Innengewinde für die Anstellspindel *c* versehen ist, die, in der Schlittenführung *n* gegen Drehung gesichert, die Unterwalze *u* je nach Bedarf nach oben oder unten transportiert. Es ist durchaus möglich, Verstellantriebe dieser Art unabhängig voneinander wirken zu lassen in der Weise, daß eine der beiden Unterwalzen das Blechende stärker gegen die Oberwalze *o* als die andere drückt, um auf diese Weise eine Rundung der Blechenden dieser Seite zu erzielen. Es gibt eine größere Anzahl anderer Bauarten, bei denen die Unterwalzen *u* nicht senkrecht, sondern schräg gegen die Oberwalze angestellt werden, wobei auch durch unabhängige Antriebe ein einseitiges Anbiegen ermöglicht wird. Maschinen dieser Art werden beispielsweise von den Firmen Schleifenbaum & Steinmetz in Weidenau (Sieg), Weber-Werke in Weidenau (Sieg), Herkules-Werke in Wetzlar, Häusler in Dornach, u. a. an-

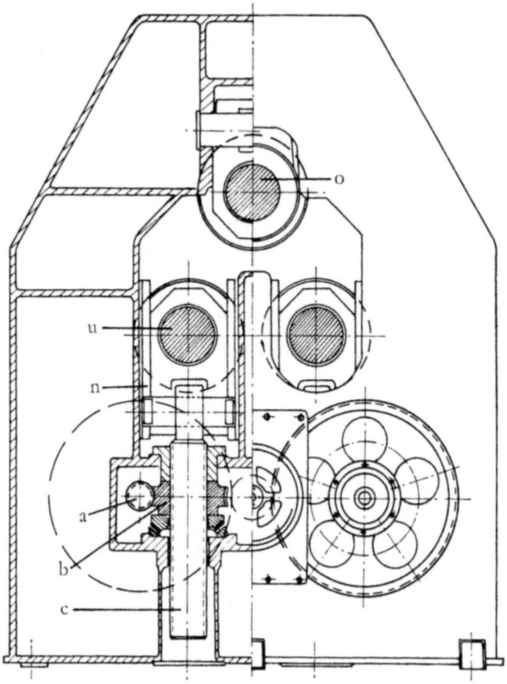

Abb. 22 Schnitt durch Druckspindel mit Verstellantrieb für die Unterwalzen

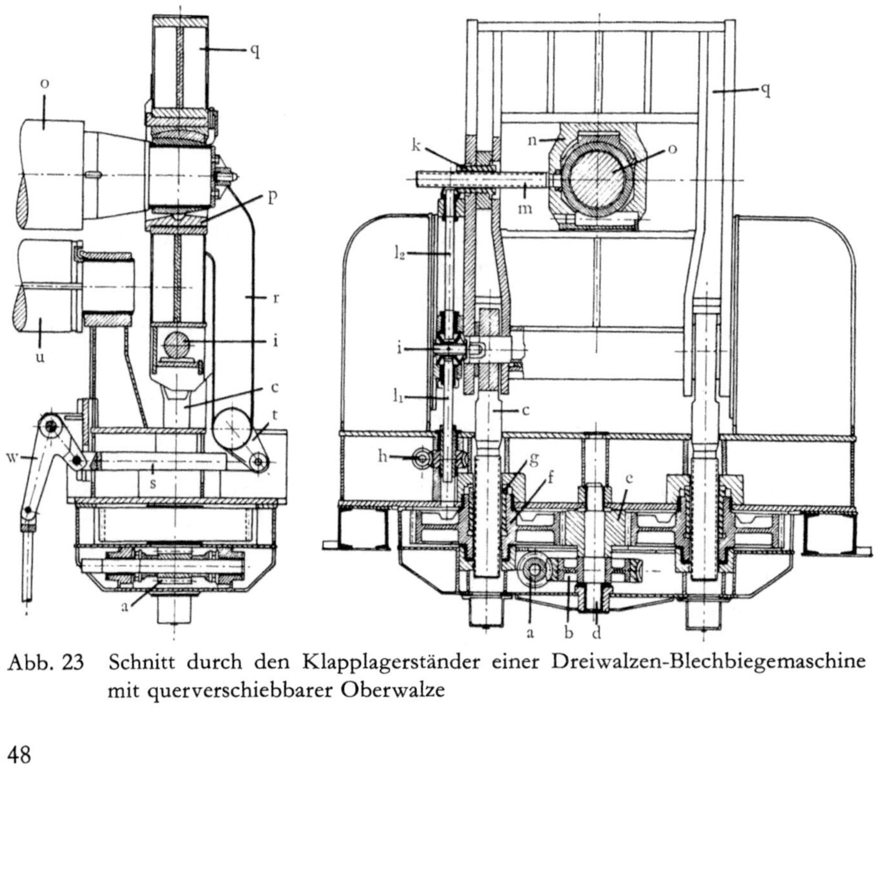

Abb. 23 Schnitt durch den Klapplagerständer einer Dreiwalzen-Blechbiegemaschine mit querverschiebbarer Oberwalze

geboten. Daneben gibt es aber auch die andere Bauweise mit verstellbarer Oberwalze und feststehenden Unterwalzen. Vor allen Dingen bei älteren Maschinen ist diese Anordnung häufiger anzutreffen, wobei der Raum zwischen den Unterwalzen zum Durchzug des in seiner Höhe verstellbaren Oberwalzenhalters dient. Bei neueren Bauarten wird dies vermieden, indem die Oberwalze länger als die Unterwalzen ausgebildet ist und durch ein äußeres Klapplager beiderseits nach unten gezogen wird. Eine solche Bauweise der Maschinenfabrik Froriep GmbH, Rheydt, zeigt Abb. 23. Auch hier wird zunächst von einer Hauptantriebswelle *a* mit Schneckentrieb die Walzenanstellung gesteuert. Es ist jedoch im Gegensatz zu Abb. 22 hier nur eine Antriebswelle *a* und ein Schneckentriebrad *b* vorgesehen, so daß von der mittleren Welle *d* aus über die Zahnräder *e* und *f* mit den Gewindebüchsen *g* die beiden Verstellspindeln *c* in ihrer Höhe gemeinsam gleichzeitig verschoben werden. Die Oberwalze *o* kann aus ihrer hier mittig gezeichneten Stellung zwecks Anbiegens der Blechenden in waagerechter Richtung beidseitig verschoben werden, so daß die Oberwalze *o* sich entweder gegen die rechte oder die linke Unterwalze *u* anlehnt, die in Abb. 23 nur im Seitenriß links erkennbar ist. Diese Bewegung wird von einer Hilfsantriebswelle *h* über den dort gekennzeichneten Schneckentrieb und über die Vertikalwellen l_1 und l_2 ausgeführt. Zwischen beiden Wellen befindet sich ein Differentialgetriebe *i*, da dort die Schwenkachse für das Querhaupt *q* mit dem Oberwalzenhauptaufnahmelager *p* gelagert ist. Dieses Differentialgetriebe *i* versieht allein die Aufgabe einer Kuppelung von l_1 mit l_2. Am oberen Ende von l_2 befindet sich ein Kegelradantrieb *k*. In dessen oberen waagerecht gelagerten Kegelrad ist die Gewindehülse zur Seitenbewegung der Gewindespindel eingepreßt. Der Rahmen *n* für das Oberwalzenlager ist in einer Schlittenführung der Quertraverse *q* durch *m* seitlich zu verschieben. Das Klapplager *p* wird mittels des Schwenkarms *r* radial nach hinten ausgeschwenkt. Dies geschieht über den Winkeltrieb *w*, über die Stoßstange *s* und über die an *r* befestigte Kurbel *t*.
Die Verhältnisse würden sich dadurch etwas verschieben, wenn man bei jenen Versuchen bis an die Grenzen der Leistungsfähigkeit der Rundmaschine gegangen wäre, wobei die Maschine auf die Gesamtlänge hin hätte ausgenützt werden müssen. Die Grènze der Leistungsfähigkeit wurde zweifellos beim ersten Versuch zu 5.1 nicht nur erreicht, sondern sogar überschritten. Aber auch dort konnte gegenüber der Leerlaufleistung nur ein unerheblicher Zuschlag ermittelt werden, der nicht über 10% der Leerlaufleistung lag. Im übrigen wurden bei den Versuchen zu 5.3 keine so dünnen Bleche verwendet, als daß man hiernach schon von vornherein mit einer nur geringen Oszillogrammanzeige hätte rechnen müssen, wie dies das spätere Rechnungsbeispiel 3 dieses Abschnittes beweist.
Es gibt nun zwei Probleme, die sich hier begegnen. Je dünner die Oberwalze ist, um so kleinere Durchmesser lassen sich auf derartigen Blechrundmaschinen biegen. Andererseits kann dann nur eine geringe Blechdicke verarbeitet werden, da sonst die Oberwalze durchgebogen wird. Gegen die Durchbiegung hilft neben einer Walzenverlängerung mit Widerlager und einer balligen Ausführung der Oberwalze, was aber nur beim Biegen gleicher Blechdicken sinnvoll ist, hauptsächlich eine entsprechende Vergrößerung des Durchmessers der Oberwalze, und

diese wiederum ist mit Gewichtssteigerungen verbunden. Die Kraftspitzen in den Oszillogrammen ergaben sich nur durch die Anlaufleistung, insbesondere durch die Richtungsumkehrschaltung an den Walzmotoren. Eine schlechte Lagerung sowie ein ungünstiger Getriebewirkungsgrad werden sich hierbei empfindlicher bemerkbar machen als der Übergang auf eine größere Blechdicke. Es lassen sich daher auf Grund derartiger Drehmomentenmessungen keine Schlüsse auf die eigentlichen zur Blechumformung erforderlichen Anstellkräfte und Walzenleistungen ohne Berücksichtigung der Leistungsanteile der Getriebe ziehen. Die Blechbreite *b*, die in jeder theoretischen Rechnung für den Kraft- und Leistungsbedarf maßgebend ist, erscheint auf Grund der Oszillogramme hier völlig bedeutungslos gegenüber der tatsächlichen Ballenlänge *l*.

Nun kommt es allerdings dem Praktiker zunächst darauf an, was er mit einer vorhandenen Maschine leisten kann. Sind ihm die Leistungsdaten von Walzenhauptmotor und Anstellmotor bekannt, so wird es ihm genügen zu wissen, für welche

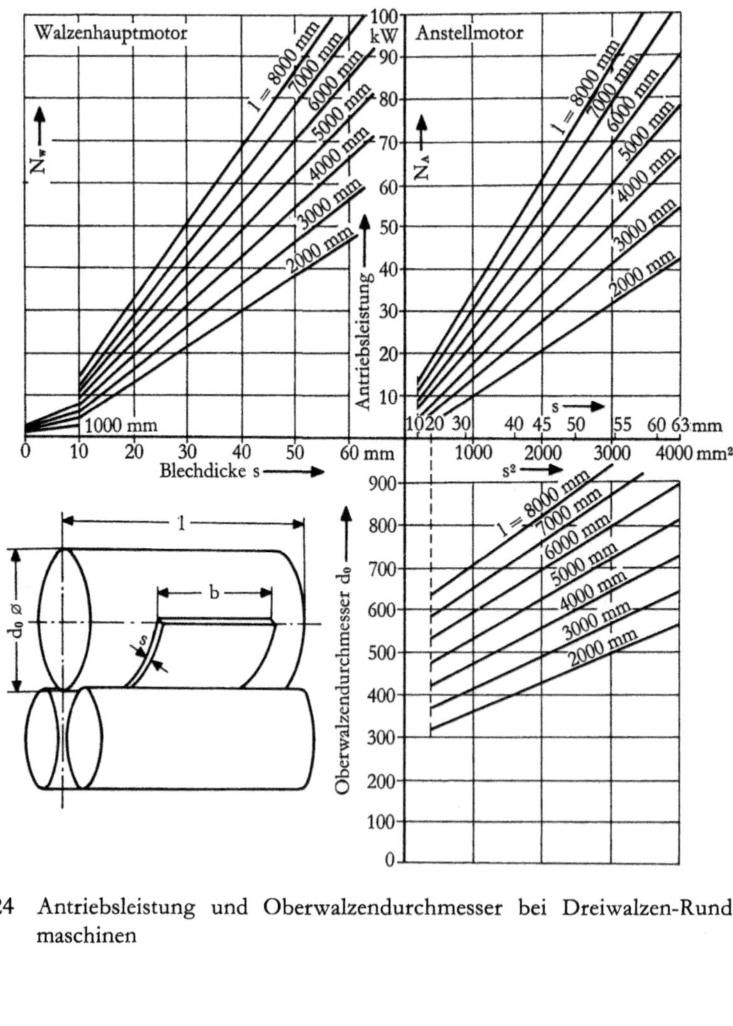

Abb. 24 Antriebsleistung und Oberwalzendurchmesser bei Dreiwalzen-Rundbiegemaschinen

Arbeitsbereiche der Bleche einer bestimmten Dicke er die Maschine verwenden kann. Zu diesem Zweck wurde das Diagramm nach Abb. 24 aufgestellt. Die sich aus Rundmaschinen verschiedener Triebwerke empirisch ermittelten Formeln seien im Endergebnis hier genannt.

Die Leistung in kW des Hauptmotors für den Walzenantrieb beträgt für $s < 10$ mm:

$$N_w = (0{,}086 + 0{,}000115\, l)\,(s + 4) \tag{119}$$

und für $s > 10$ mm

$$N_w = (0{,}52 + 0{,}00016\, l)\, s - 4 \tag{120}$$

Für die Anstellmotore gilt:

$$N_A = \sqrt[3]{\frac{\sigma_B}{50}}\,(0{,}0053 + 0{,}00000267\, l)\,(s^2 + 500) - 6 \tag{121}$$

Zu diesen Gleichungen ist zu sagen, daß Rundmaschinen eines $s_{max} < 10$ mm nur selten mit Anstell- und Hauptmotor, sondern meist nur mit einem Motor entsprechend Gl. (119) ausgerüstet sind, der nur das Walzen oder das Walzen und Anstellen besorgt, so daß auch Gl. (120) für den Bereich $s > 10$ mm gilt. Dieser Umstand rechtfertigt auch die Einknickung bei $s = 10$ mm im linken oberen Diagrammteil zu N_w der Abb. 24.

Was die Oberwalzendurchmesser anbelangt, so wurden folgende Beziehungen gefunden für die Bereiche:

für $s < 10$ mm

$$d_0 = (5{,}2 + 0{,}00175\, l)\,(s + 13) \tag{122}$$

und für $s = 20 \ldots 60$ mm

$$d_0 = \sqrt[3]{\frac{\sigma_B}{50}}\,(0{,}053 + 0{,}000008\, l)\,(s^2 + 6200) - 140 \tag{123}$$

Nur der Kurvenbereich für $s > 20$ mm gestattet die Annahme einer näherungsweise geradlinigen Charakteristik über s^2 entsprechend Gl. (123). Die Abb. 25 stellt dieselben Schaulinien nicht über s^2, sondern über s dar, wo auch der Bereich $s < 20$ mm erfaßt wird, und wonach eine geradlinige Charakteristik bis zu $s < 10$ mm über s entsprechend Gl. (122) sich ergibt. Gemäß Ende Abschnitt 4.6 in Verbindung mit 5.1 erscheint beim Rundbiegen starker plattierter Bleche ein Sicherheitsfaktor von 1,1 zu den d_0-Werten als empfehlenswert, was einer über 1,3fachen Erhöhung des Widerstandsmomentes entspricht.

An dieser Stelle sei auf die Möglichkeit der Ausbildung der Walzen als Hohlkörper hingewiesen, da das Widerstandsmoment in der dritten Potenz des Durchmessers zunimmt und bei gleich großen Widerstandsmomenten mit zunehmendem Außendurchmesser des ringförmigen Querschnittes eine bemerkenswerte Ge-

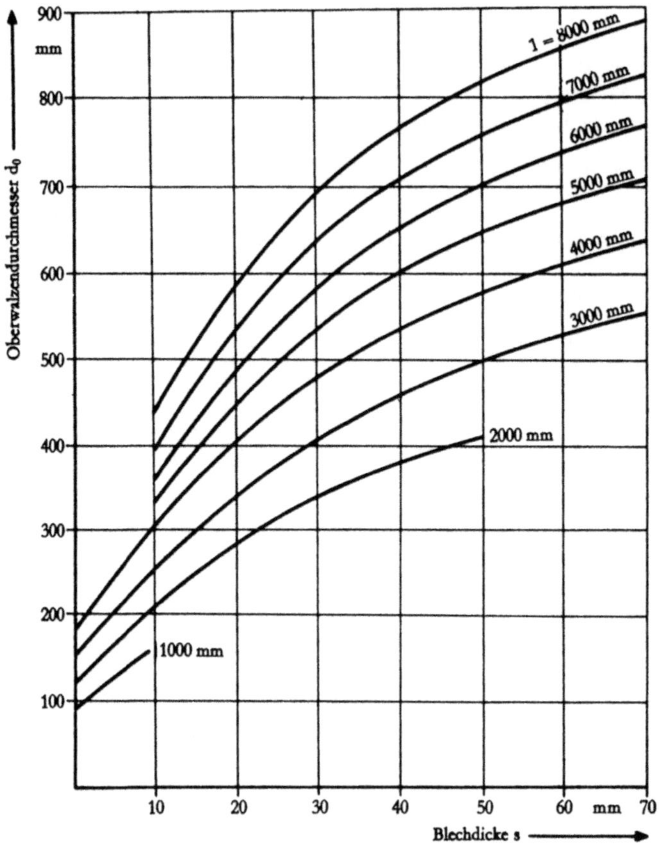

Abb. 25 Bemessung des Oberwalzendurchmessers d_0

wichtsersparnis gegenüber dem runden Vollquerschnitt erzielt. Es wird also hierdurch nicht nur an Materialkosten gespart, sondern außerdem an Gewicht, was einen geringeren Kraftaufwand zum Ausschwenken der Oberwalze ermöglicht und wodurch die Anlaufmomente, welche gemäß der Oszillogramme zu Abb. 15–19 erhebliche Stromspitzen verursachen, herabgesetzt werden. Geringere Anlaufmomente werden außerdem noch mittels hydraulisch betriebener Walzen erzielt, eine konstruktive Lösung, die von der Firma Scharringhausen Maschinenbau, Rheinsheim b. Bruchsal, erst kürzlich offenbart wurde [11]. Leichte Walzengewichte gestatten möglicherweise eine Umkehrung der Konstruktion derart, daß die Rundbiegemaschine mit der Oberwalze nach unten an Portalständern aufgehängt wird. Dies hätte zwei Vorteile. Die fertigen Schüsse brauchten nicht vom Kran abgehoben, sondern könnten auf einem Wagen unter den Portalgestellen abgesetzt werden, der mit dem fertigen, gebogenen Schuß ausgefahren wird. Noch wichtiger ist der Vorteil, daß bei umgekehrter Lage der Walzen der während des Walzvorganges abspringende Zunder nach unten herausfällt und nicht wie bisher wieder mit dem Blech verwalzt wird, was in bezug auf die innere

Oberflächenbeschaffenheit der Schüsse und auf die Gleichmäßigkeit des Walzvorganges nachteilige Folgen hat. Dies sind jedoch nur angedeutete Möglichkeiten, gegen deren Verwirklichung noch manche weiteren Bedenken bestehen, die insbesondere das Heranbringen der Bleche zu den Walzen mittels hydraulisch gesteuerten Zuführvorrichtungen betreffen. Die Abb. 26 erläutert die Gewichts-

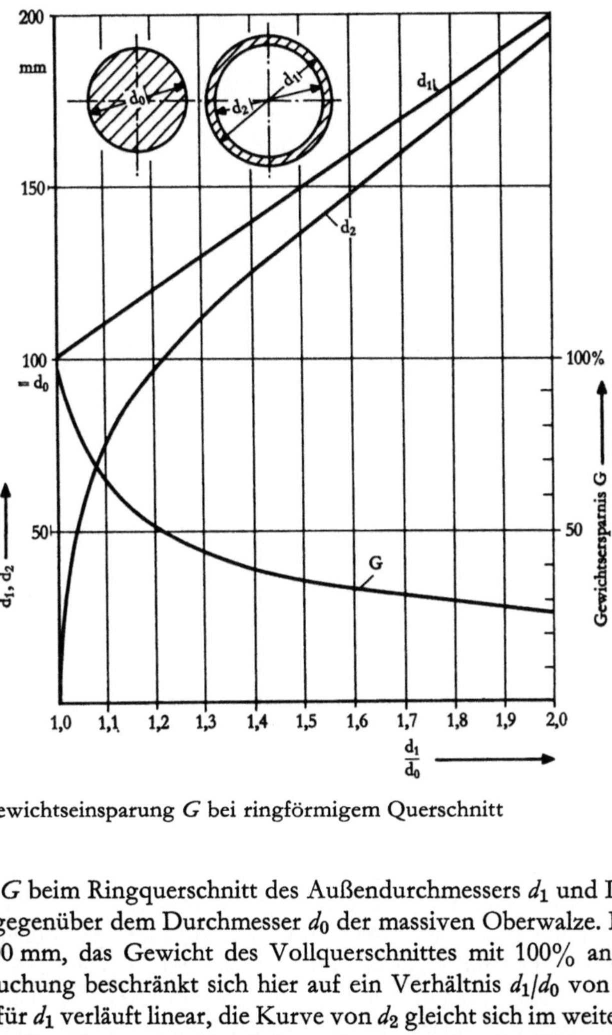

Abb. 26 Gewichtseinsparung G bei ringförmigem Querschnitt

einsparung G beim Ringquerschnitt des Außendurchmessers d_1 und Innendurchmessers d_2 gegenüber dem Durchmesser d_0 der massiven Oberwalze. Derselbe sei hier mit 100 mm, das Gewicht des Vollquerschnittes mit 100% angenommen. Die Untersuchung beschränkt sich hier auf ein Verhältnis d_1/d_0 von 1,0 bis 2,0. Die Kurve für d_1 verläuft linear, die Kurve von d_2 gleicht sich im weiteren Verlauf der schrägen Geraden von d_1 ziemlich an. In entsprechender Weise fällt die Gewichtsersparnis zunächst ziemlich stark, um sich im weiteren Verlauf einer Abszissenparallelen zu nähern. Die Unterschiede der Gewichtsersparnis sind also von $d_1/d_0 > 1{,}5$ kaum noch besonders interessant. Bereits ein Verhältnis von $d_1/d_0 = 1{,}2$ bringt schon eine Gewichtsersparnis von etwa 50% gegenüber der üblichen massiven Ausführung, wobei zu bedenken ist, daß eine zusätzliche Durchmesser-

erhöhung um das 1,2fache dort bequem in Kauf genommen werden kann, wo man nicht auf ausgesprochen geringstmögliche Schußdurchmesser Wert legt.
Zum Schluß dieses Abschnittes 6.3 mögen drei Beispiele die Anwendungen der Gln. (119 bis 123) nebst Abb. 24 erläutern:

Zu Beispiel 1: Zur Verfügung steht eine Dreiwalzenrundbiegemaschine von 6 m Länge eines Oberwalzendurchmessers d_0 von 800 mm. Lassen sich auf ihr Schüsse aus St 52 von $l = 6000$ mm $s = 50$ mm biegen und wie groß ist die Leistung der Motoren N_w und N_A zu bemessen?
Aus Abb. 24 unten ergibt sich für $s = 50$ und $l = 6000$ mm ein $d_0 = 740$ mm. Insoweit genügt obige Maschine. Gemäß der oberen Diagrammtafeln sind für den Walzenhauptmotor $N_w = 70$ kW, für den Anstellmotor $N_A = 58$ kW erforderlich.

Beispiel 2: Die gleiche Frage zu Beispiel 1 gilt für einen plattierten Werkstoff. Hier wird der Oberwalzendurchmesser der Maschine von 800 mm kaum ausreichen, er sollte mindestens 820 mm betragen.

Beispiel 3: Gemäß 5.3 stand zu den Untersuchungen mit Oszilloport eine Walze von $l = 8300$ mm, $d_0 = 685$ mm, $N_w = 55$ kW, $N_A = 64$ kW zur Verfügung. Beim Versuch gemäß Oszillogramm nach Abb. 17 wurde ein Blech gerundet $s = 18$ mm, $b = 8100$ mm, $\sigma_B = 37$ kp/mm². Bis zu welcher Blechdicke hätte man mit dieser Maschine gehen können?

Die Gl. (123) nach s aufgelöst lautet:

$$s = \sqrt{\frac{d_0 + 140}{\sqrt[3]{\frac{\sigma_B}{50}}\,(0{,}053 + 0{,}000008\,l)} - 6200}$$

$$s = \sqrt{\frac{685 + 140}{0{,}9\,(0{,}053 + 0{,}0664)} - 6200} = 50 \text{ mm}$$

Nach Abb. 24 oben würden allerdings für $s = 50$ mm N_w 90 kW und N_A 78 kW betragen, wobei letzterer Wert unter Multiplikation des Beiwertes $0{,}9 = \sqrt[3]{\sigma_B/50}$ mit $\sigma_B = 37$ kp/mm² sich auf 70 kW ermäßigen würde. Im Hinblick auf die vorhandene Leistung erscheint die Oberwalze überdimensioniert. Aus Abb. 24 oben links ist für $N_w = 55$ kW und $l = 8300$ mm nur eine höchstmögliche Blechdicke $s = 31$ mm abzugreifen. Hiernach kann also kaum vorgebracht werden, es sei bei den Versuchen mit so geringen Blechdicken gefahren worden, daß dies sich nicht in der Oszillogrammaufzeichnung hätte auszudrücken brauchen. So groß ist der Unterschied zwischen einer Blechdicke von 18 mm und der vom Walzmotor äußerst durchziehbaren Blechdicke von 31 mm nicht.

7. Zusammenfassung

7.1

Die Durchrechnung verschiedener Beispiele ergab, daß die bisherigen hier angegebenen und in Taf. 1 zusammengestellten Berechnungsverfahren I–V nach FLENDER, OEHLER, GEIGER, ZÜRCHER und GELEJI erheblich voneinander abweichende Ergebnisse aufweisen. Laut Zusammenstellung nach Taf. 2 ergibt den geringsten Leistungsverbrauch die Rechnung II nach OEHLER, deren Resultate insoweit denen der praktischen Versuche dieses Berichtes zu 5.3 noch am besten entsprechen. Es folgen diesen Werten zu II in der Reihenfolge einer zunehmenden Abweichung bzw. Erhöhung der Leistung die Berechnungsverfahren nach GELEJI (V), GEIGER (III), FLENDER (I) und ZÜRCHER (IV). Die Reihenfolge bei zunehmenden Ergebniswerten für die Oberwalzenkraft P_0 lautet III–V–I–II–IV, wobei die aus der Einheitsmomentenkurve nach Taf. 3 ermittelten P_0-Werte zwischen I und II nach dieser Reihenfolge liegen, und für die Arbeit A die Reihenfolge II–III–V–IV gilt.

7.2

Messungen an verschiedenen Dreiwalzenrundbiegemaschinen für Grobbleche ergaben übereinstimmend einen derart hohen Anteil an Leerlaufleistung, daß demgegenüber der Anteil für die eigentliche Umformleistung kaum noch bemerkenswert erscheint, soweit nicht die Maschinen bis an die äußerste Grenze ihres Leistungsbereiches beansprucht werden. Damit sei gesagt, daß es kaum Zweck hat, Drehmomentmessungen auf Grund des Stromverbrauches allein auch bei bester Meßausrüstung der Umformkraft und Umformarbeit durchzuführen, selbst wenn hierbei Netzschwankungen durch andere Stromverbraucher ausgeschlossen würden. Denn die Anfahrbeschleunigung der schwer beweglichen Massen erfordert derartig hohe Stromspitzen, daß hierdurch der zur Umformung erforderliche Leistungsanteil bei weitem überdeckt wird. Für künftige Untersuchungen empfiehlt sich daher der Einbau eines Dynamometers zwischen Walze und Antrieb [12].

7.3

Für die Antriebsleistung kommt es auf die Konstruktion des Antriebes, auf dessen Verschleißzustand und auf die Wirkungsgrade von Motor und Getriebe sehr viel mehr an als auf die Abmessungen und die Festigungseigenschaften der umzuformenden Bleche.

7.4

Die Feststellungen zu 7.2 geben die Anregung zur Überlegung, inwieweit an Stelle massiver Walzen Hohlwalzen bzw. Rohre bei gleichem Widerstandsmoment durch ihr kleineres Gewicht geringere Beschleunigungsleistungen erfordern, was allerdings nur bei solchen Maschinen in Frage käme, bei denen es auf einen geringstmöglichen Oberwalzendurchmesser nicht ankommt, d. h. wo nur Schüsse größerer Durchmesser gebogen werden.

7.5

Beim Runden plattierter Bleche neigen diese nicht zu einer linienförmigen Berührung über die gesamte Arbeitsbreite. Es tritt vielmehr eine nur außen angreifende punktförmige Anlage gegen die Oberwalze ein, so daß dort Kraftspitzen auftreten. Aus diesem Grunde empfiehlt sich eine Multiplikation der aus Rechnung oder Diagramm ermittelten Oberwalzendurchmesser mit einem Beiwert von 1,1, was im Hinblick auf das mit der dritten Potenz des Durchmessers zunehmende Widerstandsmoment seiner 18%igen Erhöhung ($1{,}1^3 = 1{,}3$) entspricht.

Prof. Dr.-Ing. habil. Gerhard Oehler

Literaturverzeichnis

[1] Entnommen den Leistungsangaben der Werkzeugmaschinenfabrik Wagner & Co., Dortmund, laut deren Druckschrift 414 D/1000/8. 57.

[2] FLENDER, H., Theoretische Grundlagen zur Berechnung der Walzen bei Dreiwalzen-Blechbiegemaschinen. Werkzeugmaschine 38 (1934), H. 12 u. 14.

[3] WALTHER, Versuche über den Arbeitsbedarf und die Widerstände beim Blechbiegen, Julius Springer, 1910 (Dissertation).

[4] WOLTER, K. H., Freies Biegen von Blechen. VDI-Forschungsheft 435 (Düsseldorf 1952).

[5] GEIGER, W. R., Das Runden von Blechen. Blech 1 (1954), Nr. 2, S. 6–15.

[6] OEHLER, G., Blechrundbiegemaschinen. Progressus 4 (1952), D 4, S. 53–59, u. Plate Bending Machines. Eng. Progress 4 (1952), E 4, S. 45–51.

[7] OEHLER, G., Biegen. (Hanser-Verlag München 1963) S. 36, Bild 14 – s. hierzu Beispiel 9 zu Bild 20 auf S. 41!

[8] ZÜRCHER, F. W., Das Biegen von Blechen auf Walzen-Biegemaschinen. Ind. Anz. (1954), Nr. 83, S. 1257–1261.

[9] GELEJI, A., Bildsame Formung der Metalle in Rechnung und Versuch. Akademie-Verlag, Berlin 1960, S. 662–666.

[10] HÄRTEL, DEGENHART, KÜBLER, SÖRENSEN und TRÖGER, Lichtstrahl-Oszillographen. Verlag Oldenbourg, München 1961, S. 146–159.

[11] OEHLER, G., Hydraulisch und pneumatisch betätigte Maschinen und Geräte auf der 7. EWA in Brüssel. Mitt. Forsch. Blechverarb. 1962, Nr. 4, S. 49, Abb. 21 u. 22.

[12] OEHLER, C., Biegen (Hanser-Verlag München 1963) S. 257, Bild 231.

Anhang

Bezeichnungen zu den Gleichungen und Berechnungen in diesem Bericht:

A	=	in einem Durchgang geleistete Arbeit	[mkp]
B	=	Gegenlagerkraft (nach Rechnung FLENDER)	[kp]
E	=	Elastizitätsmodul des Bleches oder des Walzenballens ($E = 22000$)	[kp/mm²]
F	=	Durch den Biegevorgang beanspruchte Querschnittsfläche	[mm²]
G	=	Gewicht der Oberwalze	[kg]
J	=	Trägheitsmoment der Walzenballen ($= 0{,}05\,d^4$)	[mm⁴]
J_e	=	Trägheitsmoment des Querschnittes der inneren Schicht	[mm⁴]
M_a	=	Anstellmoment	[mmkp]
M_b	=	Biegemoment	[mmkp]
M_i	=	durch innere Spannungen hervorgerufenes Moment	[mmkp]
N	=	Leistung	[PS oder kW]
P_o	=	Oberwalzenkraft	[kp]
P_u	=	Anstellkraft einer schräg anstellbaren Unterwalze	[kp]
Q	=	Auflagerkraft an den Ballenlagern	[kp]
S	=	statisches Moment $= \frac{b s^2}{4}$	[mm³]
W	=	Widerstandsmoment	[mm³]
a	=	Entfernung der Unterwalzenachsen	[mm]
b	=	Biegebreite	[mm]
c, c_1, c_2	=	Rechnungsbeiwert	
d	=	Durchmesser der Walzenballen (d_u = Unterwalze, d_o = Oberwalze)	[mm]
e	=	Dicke der inneren Schicht	[mm]
f	=	Durchbiegung der Walze	[mm]
h	=	Anstellhöhe	[mm]
i	=	0,001, Längenbeiwert für die Walzendurchbiegung	
m	=	Anstellweg	[mm]
n	=	Umlaufzahl	[U/min]
q	=	Biegelänge des zu biegenden Blechbogens zwischen den Auflagepunkten	[mm]
r_a	=	äußerer Biegehalbmesser	[mm]
r_i	=	innerer Biegehalbmesser	[mm]

r_m	$= r_u =$ Halbmesser der mittleren, näherungsweise spannungsfreien Faser	[mm]
r_1	$= 0{,}5\, d$ (oder $0{,}5\, d_u$ oder $0{,}5\, d_o$)	[mm]
r_2	= halber Zapfendurchmesser	[mm]
s	= Blechdicke	[mm]
s_e	= Dicke der elastischen Schicht	[mm]
s_o	= ursprüngliche Blechdicke	[mm]
s_p	= Randdicke der plastisch verformten Schicht	[mm]
t	= Zeit	[s]
u	= Momentenarm für P_u	[mm]
v	= Durchgangsgeschwindigkeit	[m/s]
w	= Auflageweite zwischen den Blechberührungspunkten bei der Unterwalze (meist $= u$)	[mm]
x	= waagerechter Abstand eines Berechnungspunktes (vom Walzenlager bei FLENDER und GEIGER, von der linken Unterwalzenmitte nach GELEJI)	[mm]
y	= Faserabstand von der spannungsfreien mittleren Faser	[mm]
α	= Gesamtwinkel bei einem Durchgang	
γ	= Winkel der Senkrechten im Unterwalzenmittelpunkt mit der Verbindungslinie zum Blechberührungspunkt der Unterwalze	
ε	$= 0{,}5\, s_o/r_m$, Dehnung an der Außenfaser	
ε_b	= Dehnung des zu biegenden Bleches am Ende des Fließbereiches vor Brucheintritt	
ε_e	= Dehnung des zu biegenden Bleches an der Elastizitätsgrenze bzw. zu Beginn des Fließbereiches	
ϑ	$= 70\, \sigma_B/s$ nach FLENDER	[kp/mm³]
ω	= Winkelgeschwindigkeit der Biegewalze	[1/s]
σ	= Spannung	[kp/mm²]
σ_B	= Bruchgrenzspannung des Bleches	[kp/mm²]
σ_z	= Zugspannung	[kp/mm²]
σ_d	= Druckspannung	[kp/mm²]
σ_e	= Elastizitätsgrenzspannung nach Gl. (7)	[kp/mm²]
σ_s	= Spannung im Beginn des Fließbereiches (Streckgrenze)	[kp/mm²]
σ_o	$= 0{,}5\, (\sigma_z + \sigma_d) \sim \sigma_B$	[kp/mm²]
σ_{zul}	= zulässige Beanspruchung der Walzenballen	[kp/mm²]
μ_1	= Reibungskoeffizient zwischen Blech und Walze	
μ_2	= Reibungskoeffizient für das Zapfenlager	

FORSCHUNGSBERICHTE DES LANDES NORDRHEIN-WESTFALEN

Herausgegeben im Auftrage des Ministerpräsidenten Dr. Franz Meyers von Staatssekretär Prof. Dr. h. c. Dr.-Ing. E. h. Leo Brandt

EISENVERARBEITENDE INDUSTRIE

HEFT 39
Forschungsgesellschaft Blechverarbeitung e. V., Düsseldorf
Aus den Arbeiten des Instituts für Werkzeugmaschinen an der Technischen Hochschule Hannover
Untersuchungen an prägegemusterten und vorgelochten Blechen
1953. 40 Seiten, 34 Abb. DM 9,50

HEFT 43
Forschungsgesellschaft Blechverarbeitung e. V., Düsseldorf
Forschungsergebnisse über das Beizen von Blechen
1953. 41 Seiten, 38 Abb., 3 Tabellen. Vergriffen

HEFT 51
Verein zur Förderung von Forschungs- und Entwicklungsarbeiten in der Werkzeugindustrie e. V., Remscheid
Untersuchungen an Kreissägeblättern für Holz, Fehler- und Spannungsprüfverfahren
1953. 39 Seiten, 23 Abb. DM 10,—

HEFT 56
Forschungsgesellschaft Blechverarbeitung e. V., Düsseldorf
Untersuchungen über einige Probleme der Behandlung von Blechoberflächen
1953. 41 Seiten, 42 Abb. Vergriffen

HEFT 60
Forschungsgesellschaft Blechverarbeitung e. V., Düsseldorf
Untersuchungen über das Spritzlackieren im elektrostatischen Hochspannungsfeld
1954. 82 Seiten, 53 Abb., 7 Tabellen. Vergriffen

HEFT 61
Verein zur Förderung von Forschungs- und Entwicklungsarbeiten in der Werkzeugindustrie e. V., Remscheid
Schwingungs- und Arbeitsverhalten von Kreissägeblättern für Holz I
1953. 43 Seiten, 31 Abb. DM 11,40

HEFT 65
Fachverband Schneidwarenindustrie, Solingen
Untersuchungen über das elektrolytische Polieren von Tafelmesserklingen aus rostfreiem Stahl
1954. 79 Seiten, zahlreiche Abb., 9 Tabellen. DM 17,35

HEFT 87
Gemeinschaftsausschuß Verzinken, Düsseldorf
Untersuchungen über Güte von Verzinkungen
1954. 56 Seiten, 56 Abb., 3 Tabellen. Vergriffen

HEFT 98
Fachverband Gesenkschmieden, Hagen
Die Arbeitsgenauigkeit beim Gesenkschmieden unter Hämmern
1954. 117 Seiten, 55 Abb., 9 Tabellen. DM 24,75

HEFT 116
Prof. Dr.-Ing. E. Siebel und Dr.-Ing. Helmut Weiss, Stuttgart
Untersuchungen an einigen Problemen des Tiefziehens — I. Teil
1955. 59 Seiten, 50 Abb., 6 Tabellen. DM 14,50

HEFT 117
Dr.-Ing. H. Beißwänger, Stuttgart und Dr.-Ing. S. Schwandt, Trier
Untersuchungen an einigen Problemen des Tiefziehens — II. Teil
1954. 77 Seiten, 34 Abb., 8 Tabellen. DM 17,70

HEFT 150
Prof. Dr.-Ing. Otto Kienzle und Dipl.-Ing. F. Wilhelm Timmerbeil, Hannover
Das Durchziehen enger Kragen an ebenen Fein- und Mittelblechen
1955. 39 Seiten, 20 Abb., 8 Tabellen. DM 11,30

HEFT 177
Dipl.-Ing. Hans Stüdemann, Solingen, und Dr.-Ing. W. Müchler, Essen
Entwicklung eines Verfahrens zur zahlenmäßigen Bestimmung der Schneideigenschaften von Messerklingen
1956. 92 Seiten, 68 Abb., 4 Tabellen. DM 22,20

HEFT 224
Dipl.-Ing. Hans Stüdemann und Ing. R. Beu, Forschungsinstitut für die Schneidwarenindustrie an der Fachschule für Metallgestaltung und Metalltechnik, Solingen
Verfahren zur Prüfung der Korrosionsbeständigkeit von Messerklingen aus rostfreiem Stahl
1956. 82 Seiten, 28 Abb. DM 16,90

HEFT 225
Dr.-Ing. Eginhard Barz, Remscheid
Der Spannungszustand von Gattersägeblättern
1956. 63 Seiten, 54 Abb. DM 16,50

HEFT 277
Dr.-Ing. W. Müchler, Forschungsinstitut für Metallgestaltung und Metalltechnik, Solingen
Direktor: Dipl.-Ing. Hans Stüdemann
Untersuchung und zahlenmäßige Bestimmung der Schneideigenschaften von Messern mit besonderer Berücksichtigung rostfreier Messerstähle
1956. 47 Seiten, 27 Abb., 5 Tabellen. DM 13,20

HEFT 283
Prof. Dr. phil. Franz Wever und
Dr.-Ing. Werner Lueg, Max-Planck-Institut für Eisenforschung, Düsseldorf
Warmstauchversuche zur Ermittlung der Formänderungsfestigkeit von Gesenkschmiede-Stählen
1956. 31 Seiten, 19 Abb. DM 9,90

HEFT 285
Prof. Dr.-Ing. Otto Kienzle, Dr.-Ing. Kurt Lange und Dipl.-Ing. Helmut Meinert, Institut für Werkzeugmaschinen und Umformtechnik der Technischen Hochschule Hannover
Einfluß der Oberfläche auf das Verschleißverhalten von Schmiedegesenken
1956. 50 Seiten, 29 Abb., 8 Tabellen. DM 14,60

HEFT 286
Dr.-Ing. Kurt Lange, Dipl.-Ing. Helmut Meinert, unter Mitarbeit von Dr.-Ing. Heinz Arend, Institut für Werkzeugmaschinen und Umformtechnik der Technischen Hochschule Hannover
Verschleißverhalten hartverchromter Schmiedegesenke
1956. 62 Seiten, 53 Abb., 6 Tabellen. DM 17,65

HEFT 321
Prof. Dr. phil. Franz Wever und
Dr. phil. Wolfgang Wepner, Max-Planck-Institut für Eisenforschung, Düsseldorf
Gleichzeitige Bestimmung kleiner Kohlenstoff- und Stickstoffgehalte im α-Eisen durch Dämpfungsmessung
1956. 17 Seiten, 4 Abb., 3 Tabellen. DM 6,80

HEFT 322
Prof. Dr.-Ing. Franz Bollenrath und
Dipl.-Ing. Wilhelm Domke, Aachen
Eigenspannungen in vergüteten, dickwandigen Stahlzylindern nach Oberflächenhärtung mit induktiver Erwärmung
1956. 17 Seiten, 9 Abb., 2 Tabellen. DM 6,90

HEFT 360
Dr.-Ing. Eginhard Barz, Remscheid
Fertigungsverfahren und Spannungsverlauf bei Kreissägeblättern für Holz
1957. 68 Seiten, 40 Abb. DM 17,—

HEFT 367
Dr. rer. nat. Dietrich Horstmann, Max-Planck-Institut für Eisenforschung und Gemeinschaftsausschuß Verzinken, Düsseldorf
Der Angriff eisengesättigter Zinkschmelzen auf kohlenstoff-, schwefel- und phosphorhaltiges Eisen
1957. 42 Seiten, 22 Abb., 6 Tabellen. DM 12,85

HEFT 375
Technischer Überwachungs-Verein e. V., Essen
Wanddickenmessungen mittels radioaktiver Strahlen und Zählrohrgerät
1958. 24 Seiten, 15 Abb. DM 9,55

HEFT 376
Technischer Überwachungs-Verein e. V., Essen
Wasserumlaufprobleme an Hochdruckkesseln
1958. 126 Seiten, 56 Abb., 8 Tabellen. DM 32,60

HEFT 377
Technischer Überwachungs-Verein e. V., Essen
Versuche an Wanderrostkesseln mit befeuchteter Verbrennungsluft
1958. 35 Seiten, 19 Abb., 2 Tabellen. DM 12,20

HEFT 395
Dipl.-Ing. Ludwig Hahn, Clausthal-Zellerfeld
Untersuchungen zur Frage des optimalen Bohrloch- und Patronendurchmessers
1957. 119 Seiten, 49 Abb., 19 Tabellen. DM 31,25

HEFT 445
Dr. Ing. Eginhard Barz, Remscheid
Fertigungs- und Prüfverfahren für Feilen
Vergriffen

HEFT 447
Prof. Dr.-Ing. Franz Bollenrath, Aachen
Dr.-Ing. H. Füllenbach, Seesen und
Dipl.-Ing. J. Schumacher, Neubeckum
Entwicklung rationell arbeitender Spritzkabinen
1958. 44 Seiten, 26 Abb. Vergriffen

HEFT 473
Prof. Dr. phil. Franz Wever, Dr.-Ing. Werner Lueg und Dipl.-Ing. Paul Funke jr., Max-Planck-Institut für Eisenforschung, Düsseldorf
Versuche an einer hydraulischen 25-t-Stangenziehbank
1957. 22 Seiten, 11 Abb. DM 8,95

HEFT 557
Dr.-Ing. Hans Schiffers, Dipl.-Ing. Dieter Ammann, Dipl.-Ing. Erich Brugger und Dipl.-Ing. Rudolf Dicke, Gießerei-Institut der Rhein.-Westf. Technischen Hochschule Aachen
Härtbarkeit von Gußeisen mit Lamellen- und Kugelgraphit in Abhängigkeit von Zusammensetzung und Gefüge
1958. 29 Seiten, 24 Abb., 1 Tabelle. DM 11,—

HEFT 630
Prof. Dr. phil. Walter Koch und Dr. techn. Dipl.-Ing. Hanns Malissa, Max-Planck-Institut für Eisenforschung, Düsseldorf
Beiträge zur Spurenanalyse im Reinsteisen
1958. 25 Seiten, 8 Tabellen. DM 7,60

HEFT 639
Prof. Dr.-Ing. habil. Karl Krekeler, Dr.-Ing. Heinz Peukert und Dipl.-Ing. Otto Schwarz, Institut für Kunststoffverarbeitung an der Rhein.-Westf. Technischen Hochschule Aachen
Auswertung der in- und ausländischen Literatur auf dem Gebiete des Metallklebens
1958. 152 Seiten. Vergriffen

HEFT 655
Dr. rer. pol. A. Theodor Wuppermann, Prof. Dr.-Ing. M. Pfender und Reg.-Rat Dipl.-Ing. E. Amedick, im Auftrage des Vereins Deutscher Eisenhüttenleute, Düsseldorf
Untersuchung des Einflusses von Oberflächenfehlern auf die Dauerhaltbarkeit von Kurbelwellen
1958. 48 Seiten, 101 Abb., 4 Tabellen. Vergriffen

HEFT 680
Prof. Dr. phil. Walter Koch, Dr.-Ing. Angelika Schrader, Dr.-Ing. habil. Alfred Krisch und Dipl.-Phys. Helmut Rohde, Max-Planck-Institut für Eisenforschung, Düsseldorf
Änderungen im Gefügeaufbau austenitischer Chrom-Nickel-Stähle bei Zeitstandversuchen von mehrjähriger Dauer
1959. 37 Seiten, 23 Abb., 5 Tabellen. DM 12,20

HEFT 681
Prof. Dr.-Ing. Dr.-Ing. E. h. Hermann Schenk und Dr.-Ing. Werner Wenzel, Institut für Eisenhüttenwesen der Rhein.-Westf. Technischen Hochschule Aachen
Die Reduktion von Eisenerzen im Elektro-Fließbett
1959. 76 Seiten, 20 Abb., 12 Tabellen. DM 19,60

HEFT 693
Prof. Dr.-Ing. Otto Kienzle, Dr.-Ing. Friedrich Wilhelm Timmerbeil und Dr.-Ing. Thomas Jordan, Hannover
Einige Untersuchungen über das Schneiden von Blechen
1959. 55 Seiten, 54 Abb., 3 Tabellen. DM 17,40

HEFT 702
Prof. Dr. phil. Walter Koch und Dipl.-Phys. Dr. rer. nat. Hans Lüdering, Max-Planck-Institut für Eisenforschung, Düsseldorf
Statistische Auswertung von Thomasroheisenproben guter und schlechter Verblasbarkeit
1959. 20 Seiten, 3 Abb., 3 Tabellen. DM 6,50

HEFT 703
Prof. Dr. phil. Walter Koch und Dipl.-Phys. Dr. phil. Heinz Sundermann, Max-Planck-Institut für Eisenforschung, Düsseldorf
Isolierungstechnische Untersuchungen an Thomasroheisen
1959. 28 Seiten, 16 Abb., 1 Tabelle. DM 9,—

HEFT 705
Dr.-Ing. Karl Ernst Mayer, Dr.-Ing. Helmut Knüppel, Ing. Arthur Stumpf, Dortmund-Hörder-Hüttenunion AG, Dortmund, und Prof. Dr. phil. Walter Koch, Max-Planck-Institut für Eisenforschung, Düsseldorf
Wege zur automatischen Überwachung des Thomasverfahrens
1959. 56 Seiten, 20 Abb., 7 Tabellen. DM 14,80

HEFT 714
Prof. Dr.-Ing. Wilhelm Patterson, Gießerei-Institut der Rhein.-Westf. Technischen Hochschule Aachen
Wirkung einer Gasspülung auf den Magnesiumverbrauch bei der Herstellung von Gußeisen mit Kugelgraphit
1959. 44 Seiten, 35 Abb., 14 Tabellen. DM 13,40

HEFT 728
Dr.-Ing. Klaus Spies, Dortmund
Die Zwischenformen beim Gesenkschmieden und ihre Herstellung durch Formwalzen
1959. 113 Seiten, 61 Abb., 2 Tabellen. DM 29,60

HEFT 740
Dr. rer. nat. Dietrich Horstmann, Max-Planck-Institut für Eisenforschung und Gemeinschaftsausschuß Verzinken, Düsseldorf
Einfluß einiger Eisen- und Zinkbegleiter auf Größe und Art des Zinkangriffs auf Eisen
1959. 38 Seiten, 22 Abb., 1 Tabelle. DM 12,60

HEFT 741
Dipl.-Ing. Hans Stüdemann, Dipl.-Ing. Fritz Esselborn und Ing. Hermann Hartmann, Forschungsinstitut an der Fachschule für Metallgestaltung und Metalltechnik, Solingen
Untersuchungen zur Prüfung der Korrosionsbeständigkeit rostbeständiger Besteckbleche aus Chromstahl
1959. 31 Seiten, 30 Abb., 4 Tabellen. DM 10,30

HEFT 742
Dr.-Ing. Eginhard Barz, Verein zur Förderung von Forschungs- und Entwicklungsarbeiten in der Werkzeugindustrie e. V., Remscheid
Schneideigenschaften von schneidenden Zangen und Prüfverfahren
1959. 66 Seiten, 40 Abb., 4 Tabellen. DM 18,40

HEFT 757
Dr.-Ing. Angelika Schrader und
Dr.-Ing. habil. Alfred Krisch, Max-Planck-Institut für Eisenforschung, Düsseldorf
Mikroskopische Beobachtungen von Ausscheidungen in austenitischen und ferritischen Stählen nach dem Kriechversuch
1959. 21 Seiten, 22 Abb., 1 Tabelle. DM 8,60

HEFT 780
Prof. Dr. phil. Franz Wever, Dr.-Ing. Werner Lueg und Dr.-Ing. Paul Funke, Max-Planck-Institut für Eisenforschung, Düsseldorf
Untersuchung von Walzölen und Walzölemulsionen im Kaltwalzversuch
1959. 68 Seiten, 28 Abb., mehr. Tabellen. DM 18,50

HEFT 781
Verein zur Förderung von Forschungs- und Entwicklungsarbeiten in der Werkzeugindustrie e. V., Remscheid
Verformungseinflüsse bei der Feilenherstellung
1959. 65 Seiten, 39 Abb. DM 20,—

HEFT 840
Prof. Dr. phil. Franz Wever,
Dr.-Ing. Hans-Günter Müller und
Dr.-Ing. Paul Funke, Max-Planck-Institut für Eisenforschung, Düsseldorf
Versuchsmäßige und rechnerische Bestimmung von Walzkraft und Drehmoment unter Einwirkung von Bandzugspannungen beim Kaltwalzen von Bandstahl
1960. 36 Seiten, 12 Abb., 3 Tafeln. DM 10,90

HEFT 841
Dr. rer. nat. Hubert Blanck, Max-Planck-Institut für Eisenforschung, Düsseldorf
Untersuchungen zur Kinetik des Martensitzerfalls
1960. 33 Seiten, 11 Abb. DM 10,30

HEFT 848
Dipl.-Ing. Hans-Jochen Stöter, Institut für Werkzeugmaschinen und Umformtechnik der Technischen Hochschule Hannover
Untersuchung des Schmiedevorganges in Hammer und Presse, insbesondere hinsichtlich des Steigens
1960. 133 Seiten, 62 Abb., 8 Tabellen. DM 35,60

HEFT 889
Dr.-Ing. Werner Hufschmidt, Lehrstuhl für Heizung und Lüftung an der Rhein.-Westf. Technischen Hochschule Aachen
Die Eigenschaften von Rippenrohrluftkühlern im Arbeitsbereich der Klimaanlage
1960. 125 Seiten, 37 Abb. DM 33,30

HEFT 890
Dr.-Ing. Heinz Meyer, Institut für Werkzeugmaschinen und Umformtechnik, Technische Hochschule Hannover
Untersuchungen über den Umformvorgang in Waagerecht-Stauchmaschinen
1960. 75 Seiten, 61 Abb., 3 Tabellen. DM 21,90

HEFT 916
Dipl.-Ing. Hans-Joachim Crasemann, Forschungsstelle Blechbearbeitung am Institut für Werkzeugmaschinen und Umformtechnik der Technischen Hochschule Hannover
Direktor: Prof. Dr.-Ing. Dr.-Ing. E. h. Otto Kienzle
Der offene, kreuzende Scherschnitt an Blechen
1960. 138 Seiten, 66 Abb., 10 Tabellen. DM 40,70

HEFT 1000
Dipl.-Ing. Hartmut Tolkien, Institut für Werkzeugmaschinen und Umformtechnik der Technischen Hochschule Hannover
Direktor: Prof. Dr.-Ing. Dr.-Ing. E. h. Otto Kienzle
Schmierwirkungen in Schmiedegesenken
1961. 150 Seiten, 75 Abb., 2 Tabellen, 1 Anhang. DM 44,90

HEFT 1004
Dr.-Ing. Eginhard Barz, Verein zur Förderung von Forschungs- und Entwicklungsarbeiten in der Werkzeugindustrie e. V., Remscheid
Untersuchung von Schraubendrehern und Schraubenverbindungen
1961. 68 Seiten, 26 Abb., 12 Tabellen. DM 22,30

HEFT 1027
Dr.-Ing. Eginhard Barz, Verein zur Förderung von Forschungs- und Entwicklungsarbeiten in der Werkzeugindustrie e. V., Remscheid
Prüfung von Feilen
1961. 57 Seiten, 23 Abb., 7 Tabellen. DM 20,50

HEFT 1028
Dr.-Ing. Siegfried Stendorf, Verein zur Förderung von Forschungs- und Entwicklungsarbeiten in der Werkzeugindustrie e. V., Remscheid
Das Gleitstauchen von Schneidezähnen an Sägen für Holz
1961. 138 Seiten, 85 Abb., 9 Tabellen. DM 47,10

HEFT 1056
Dr.-Ing. Oskar Pawelski und Dr.-Ing. Werner Lueg †, Max-Planck-Institut für Eisenforschung, Düsseldorf
Der Spannungszustand beim Ziehen und Einstoßen von runden Stangen
1962. 106 Seiten, 35 Abb., 10 Tabellen. DM 33,60

HEFT 1089
Direktor Dipl.-Ing. Hans Stüdemann und
Dr.-Ing. Fritz Esselborn, Forschungsinstitut an der Fachschule für Metallgestaltung und Metalltechnik, Solingen
Untersuchungen über den Einfluß der Zusammensetzung und Gefügeausbildung auf das Härtungsverhalten des Stahles X 40 Cr 13
1962. 37 Seiten, 37 Abb., 8 Tabellen. DM 17,—

HEFT 1091
Dipl.-Ing. Kurt Buchmann, Forschungsgesellschaft Blechverarbeitung e. V., Düsseldorf
Beitrag zur Verschleißbeurteilung beim Schneiden von Stahlfeinblechen
1962. 126 Seiten, 77 Abb. DM 71,40

HEFT 1129
Prof. Dr.-Ing. Joseph Mathieu, Forschungsinstitut für Rationalisierung an der Rhein.-Westf. Technischen Hochschule, Aachen, im Auftrage des Fachverbandes Gesenkschmieden im Wirtschaftsverband Stahlverformung, Hagen
Richtwerte für eine Platzkostenrechnung in der Gesenkschmiedeindustrie
1963. 54 Seiten, 7 Tabellen, 52 Seiten tabellarischer Anhang. DM 63,30

HEFT 1140
Direktor Dipl.-Ing. Hans Stüdemann und Dipl.-Ing. Fritz Esselborn, Forschungsinstitut an der Fachschule für Metallgestaltung und Metalltechnik, Solingen
Einflüsse der Prüfbedingungen auf die Ergebnisse von Schneideigenschaftsprüfungen an Messern
1962. 33 Seiten, 24 Abb. DM 14,80

HEFT 1162
Prof. Dr.-Ing. Dr.-Ing. E. h. Otto Kienzle und Dipl.-Ing. Manfred Meyer, im Auftrage der Forschungsgesellschaft Blechverarbeitung e. V., Düsseldorf
Verfahren zur Erzielung glatter Schnittflächen beim vollkantigen Schneiden von Blech
1963. 114 Seiten, 71 Abb., 6 Tabellen. DM 60,40

HEFT 1164
Dr.-Ing. Eginhard Barz u. a., Verein zur Förderung von Forschungs- und Entwicklungsarbeiten in der Werkzeugindustrie e. V., Remscheid
Teil I: Arbeitsverhalten von scheibenförmigen Werkzeugen
Teil II: Schnittversuche von verleimten Holzwerkzeugen
1963. 90 Seiten, 16 Abb., 6 Tabellen. DM 44,80

HEFT 1171
Prof. Dr.-Ing., Dr.-Ing E. h. Otto Kienzle und Dipl.-Ing. Kurt Haverbeck, Hannover, im Auftrage der Forschungsgesellschaft Blechverarbeitung e. V., Düsseldorf
Das Herstellen von Außenborden an Blechteilen zwischen Stempel und Ring
1963. 96 Seiten, 58 Abb. DM 54,50

HEFT 1347
Dr. rer. nat. Dietrich Horstmann, Max-Planck-Institut für Eisenforschung und Gemeinschaftsausschuß Verzinken, Düsseldorf
Allgemeine Gesetzmäßigkeiten des Einflusses von Eisenbegleitern auf die Vorgänge beim Feuerverzinken
1964. 27 Seiten, 17 Abb. 2 Tabellen. DM 16,50

HEFT 1348
Prof. Dr.-Ing. Dr. h. c. Herwart Opitz, Dr.-Ing. Wilfried König und Dipl.-Ing. Wolf-Dieter Neumann, Laboratorium für Werkzeugmaschinen und Betriebslehre der Rhein.-Westf. Technischen Hochschule Aachen
Einfluß verschiedener Schmelzen auf die Zerspanbarkeit von Gesenkschmiedestücken
1964. 99 Seiten, 64 Abb., 12 Tabellen. DM 59,—

HEFT 1349
Dr.-Ing. Tin Ming Wu, Forschungsstelle Gesenkschmieden an der Technischen Hochschule Hannover
Untersuchungen über das Auftragsschweißen von Gesenken für Schmiedestücke aus Stahl
1964. 46 Seiten, 16 Abb., 14 Tabellen. DM 22,80

HEFT 1350
Prof. Dr. phil. Karl Löbberg, Dipl.-Ing. Klaus Röhrig und Dr.-Ing. Peter Sahm, Institut für Gießereikunde der Technischen Universität Berlin
Über die Keimbildung in unlegiertem Kupfer und unlegiertem Eisen
1964. 77 Seiten, 22 Abb., 6 Tabellen. DM 36,—

HEFT 1352
Direktor Dipl.-Ing. Hans Stüdemann und Dr.-Ing. Fritz Esselborn, Forschungsinstitut an der Fachschule für Metallgestaltung und Metalltechnik, Solingen
Die Ergebnisse von Schneideigenschaftsprüfungen an Messern unter Berücksichtigung des Einflusses der geometrischen Form des Messers und des Einflusses der Karbidverteilung und -größe im Werkstoff
1964. 39 Seiten, 48 Abb., 2 Tabellen. DM 21,—

HEFT 1353
Direktor Dipl.-Ing. Hans Stüdemann und Dr.-Ing. Fritz Esselborn, Forschungsinstitut an der Fachschule für Metallgestaltung und Metalltechnik, Solingen
Untersuchungen über den Einfluß unterschiedlicher Herstellungsverfahren auf die Qualität rostbeständiger Messer
1964. 48 Seiten, 53 Abb. DM 22,50

HEFT 1354
Direktor Dipl.-Ing. Hans Stüdemann und Dr.-Ing. Fritz Esselborn, Forschungsinstitut an der Fachschule für Metallgestaltung und Metalltechnik, Solingen
Untersuchungen über den Einfluß der Wärmebehandlung in Zusammenhang mit unterschiedlicher Herstellung auf die Eigenschaften von rostbeständigen Messern
1964. 33 Seiten, 42 Abb. DM 18,—

HEFT 1355
Dr.-Ing. habil. Alfred Krisch, Max-Planck-Institut für Eisenforschung, Düsseldorf
Kriechverhalten, Gefügeänderungen und Risse bei mehrjährigen Zeitstandversuchen
1964. 27 Seiten, 17 Abb., 6 Tabellen. DM 14,80

HEFT 1381
Dr.-Ing. Heinz Meyer-Nolkemper, Forschungsstelle Gesenkschmieden an der Technischen Hochschule Hannover
Im Auftrage des Verbandes Gesenkschmieden im Wirtschaftsverband Stahlverformung, Hagen
Dornen in Waagerecht-Stauchmaschinen
1964. 45 Seiten, 30 Abb., 2 Tabellen. DM 26,50

HEFT 1395
Prof. Dr. rer. techn. Fritz Reutter, Institut für Geometrie und Praktische Mathematik der Rhein.-Westf. Technischen Hochschule Aachen, Dr. rer. nat. Dieter Haupt, Rechenzentrum der Rhein.-Westf. Technischen Hochschule Aachen
Untersuchungen auf dem Gebiet der praktischen Mathematik
1964. 85 Seiten, 6 Abb., 10 Tabellen. DM 53,50

HEFT 1413
Dr. rer. nat. Dietrich Horstmann und Dipl.-Ing. Ulrich Krause, Max-Planck-Institut für Eisenforschung und Gemeinschaftsausschuß Verzinken, Düsseldorf
Einfluß von Oberflächenrauheit und Glühbehandlung auf die Güte verzinkter Bleche
1964. 22 Seiten, 9 Abb., 1 Tabelle. DM 14,—

HEFT 1421
Dr.-Ing. Hermann Füllenbach, Harry Lange, Harry Parthey und Iwan N. Stranski, Forschungsgesellschaft Blechverarbeitung e. V., Düsseldorf
Metallurgische und technologische Untersuchungen an Weichloten
1965. 69 Seiten, 53 Abb., 5 Tabellen. DM 33,—

HEFT 1462
Prof. Dr.-Ing. Dr.-Ing. E. h. Otto Kienzle und Dr.-Ing. Helmut Zabel, Forschungsstelle Gesenkschmieden an der Technischen Hochschule Hannover im Auftrage des Verbandes Deutscher Gesenkschmieden in Hagen
Zerteilen metallischer Stangen durch Abscheren
1965. 169 Seiten, 76 Abb., 4 Tabellen. DM 79,50

HEFT 1486
Dr. rer. nat. Dietrich Horstmann, Max-Planck-Institut für Eisenforschung, Düsseldorf, im Auftrage des Gemeinschaftsausschuß Verzinken, Düsseldorf
Der Einfluß des Blechwerkstoffes und der Verzinkungsbedingungen auf die Eigenschaften verzinkter Bleche und Bänder
1965. 33 Seiten, 14 Abb., 1 Tabelle. DM 18,80

HEFT 1504
Direktor Dipl.-Ing. Hans Stüdemann, Dipl.-Ing. Rolf Both und Ingenieur Ernst Lauterjung, Forschungsinstitut für Schneidwaren, Solingen
Entwicklung eines Prüfgerätes zur Messung des Schneidverhaltens feiner Messerschneiden, unter besonderer Berücksichtigung der Rasierklingen
1965. 43 Seiten, 48 Abb., 2 Tabellen. DM 25,80

HEFT 1534
Prof. Dr. phil. Adolf Rose, Max-Planck-Institut für Eisenforschung, Düsseldorf
Schweißbarkeit und Umwandlungsverhalten der Stähle
1965. 57 Seiten, 20 Abb., 5 Tabellen. DM 39,—

HEFT 1564
Prof. Dr.-Ing. Alfred H. Henning†, Prof. Dr.-Ing. habil. Karl Krekeler und Dipl.-Ing. Friedrich Mittrop, Institut für Kunststoffverarbeitung in Industrie und Handwerk der Rhein.-Westf. Technischen Hochschule Aachen, in Zusammenarbeit mit der Forschungsgesellschaft Blechverarbeitung e. V., Düsseldorf
Untersuchungen über die Kombination Metallkleben–Punktschweißen
1965. 31 Seiten, 20 Abb., 3 Tabellen. DM 19,80

HEFT 1577
Prof. Dr.-Ing. habil. Gerhard Oehler, Forschungsgesellschaft Blechverarbeitung e. V., Düsseldorf
Vergleich und Abgrenzung der Einsatzmöglichkeit der Abkantpressen, der Abkantmaschinen und der Profilwalzmaschinen für Biege-Profil-Formungen
1966. 103 Seiten, 46 Abb., 4 Tafeln, 12 Tabellen. DM 60,90

HEFT 1579
Direktor Dipl.-Ing. Hans Stüdemann, Dipl.-Ing. Hans Brundiek und Rudolf Grube, Forschungsinstitut für Schneidwaren, Solingen
Untersuchungen über den Einfluß der Zusammensetzung und Gefügeausbildungen auf das Anlaßverhalten des Stahles X 40 Cr 13
1965. 43 Seiten, 39 Abb., 1 Tabelle. DM 27,60

HEFT 1581
Prof. Dr.-Ing. habil. A. Matting und Dipl.-Ing. G. Wilkens, Hannover, in Zusammenarbeit mit der Forschungsgesellschaft Blechverarbeitung e. V., Düsseldorf
Rollennahtschweißen von Feinblechen verschiedener Beschaffenheit unter 0,5 mm mit besonderer Berücksichtigung verzinnter Bleche
1966. 39 Seiten, 28 Abb. DM 23,80

HEFT 1598
Dr.-Ing. Hans Groebler, Dr. Julius Seeger und Dr. Carl Boller, Forschungsgesellschaft Blechverarbeitung e. V., Düsseldorf
Verschleißmessungen an Überzügen auf Metalloberflächen
1966. 59 Seiten, 31 Abb., 24 Tabellen. DM 37,—

HEFT 1599
Prof. Dr.-Ing. habil. Alexander Matting, Dr.-Ing. Klaus Ulmer und Ing. Gerhard Hennig, Institut A für Werkstoffkunde der Technischen Hochschule Hannover, in Zusammenarbeit mit der Forschungsgesellschaft Blechverarbeitung e. V., Düsseldorf
Metallkleben
1966. 76 Seiten, 87 Abb., 1 Tabelle. DM 55,70

HEFT 1600

Prof. Dr.-Ing. habil. Adolf Dietzel, Würzburg, in Zusammenarbeit mit der Forschungsgesellschaft Blechverarbeitung e. V., Düsseldorf

Einfluß des Wasserdampfgehaltes der Ofenatmosphäre auf den Stahlblech-Emaillierprozeß

1966. 22 Seiten, 15 Abb. DM 14,80

HEFT 1601

Prof. Dr.-Ing. Dr. h.c. Herwart Opitz, Dr.-Ing. Wilfried König und Dipl.-Ing. Wolf-Dieter Neumann, Laboratorium für Werkzeugmaschinen und Betriebslehre der Rhein.-Westf. Technischen Hochschule Aachen

Streuwertuntersuchungen der Zerspanbarkeit von Werkstücken aus verschiedenen Schmelzen des Stahles C 45

1966. 50 Seiten, 25 Abb., 4 Tabellen. DM 33,50

HEFT 1607

Dr.-Ing. Eginhard Barz und Ing. Karl Oberwinter, Institut für Werkzeugforschung, Remscheid im Auftrage des Vereins zur Förderung von Forschungs- und Entwicklungsarbeiten in der Werkzeugindustrie e. V., Remscheid

Zusammenwirken von Schraubenbetätigungswerkzeugen und Schrauben

Teil I

Untersuchung des zulässigen Größtspiels beim Anziehen von Sechskantschrauben mit Schraubenschlüsseln

TEIL II

Untersuchung der Anpassung von Schraubendrehern an Schlitzschrauben

1966. 81 Seiten, 45 Abb., 6 Tabellen. DM 50,20

HEFT 1613

Prof. Dr.-Ing. habil. Gerhard Oehler, Forschungsgesellschaft Blechverarbeitung e. V., Düsseldorf

Vergleich zwischen kalt und warm umgeformter Böden

HEFT 1614

Prof. Dr.-Ing. habil. Gerhard Oehler, Forschungsgesellschaft Blechverarbeitung e. V., Düsseldorf

Kräfte- und Leistungsermittlung an Rundbiegemaschinen

HEFT 1625

Dipl.-Ing. Johannes Hoischen, Verein zur Förderung von Forschungs- und Entwicklungsarbeiten in der Werkzeugindustrie e. V., Remscheid

Belastbarkeit und Abformgenauigkeit der Stempel beim Kalteinsenken

1966. 128 Seiten, 109 Abb. DM 85,80

HEFT 1631

Dipl.-Ing. Heinz Peters, im Auftrage des Vereins zur Förderung von Forschungs- und Entwicklungsarbeiten in der Werkzeugindustrie e. V., Remscheid

Untersuchung von Kettenwerkzeugen auf die günstigste Gestaltung und Anordnung der Schneiden und Glieder

Teil I:

Entwicklung und Bau eines Versuchsstandes für die Untersuchung von Sägeketten

In Vorbereitung

HEFT 1632

Dr.-Ing. Eginhard Barz und Dipl.-Ing. Ulrich Niemann, im Auftrage des Vereins zur Förderung von Forschungs- und Entwicklungsarbeiten in der Werkzeugindustrie e. V., Remscheid

Untersuchungen an schneidenden Zangen

Teil I

Untersuchung der unterschiedlichen Schneidenabnutzung bei schneidenden Zangen, insbesondere bei Vornschneidern

Teil II

Prüfverfahren für Zangen mit mehrfacher Übersetzung, insbesondere für Bolzenschneider

In Vorbereitung

HEFT 1696

o. Prof. em. Dr.-Ing. Dr.-Ing. E. h. Otto Kienzle und Dr.-Ing. Harry Neumann, Institut für Werkzeugmaschinen und Umformtechnik der Technischen Hochschule Hannover

Methoden zur Bestimmung des elastischen Verhaltens von Pressen beliebiger Breite

In Vorbereitung

HEFT 1697

Dipl.-Ing. Herbert Littnanski, Deutsche Forschungsgesellschaft für Blechverarbeitung und Oberflächenbehandlung e. V., Düsseldorf

Hartlöten mit Silberloten *In Vorbereitung*

HEFT 1698

Prof. Dr.-Ing. habil. Gerhard Oehler, Deutsche Forschungsgesellschaft für Blechverarbeitung und Oberflächenbehandlung e. V., Düsseldorf

Untersuchungen über das V-Biegen von Blechen

In Vorbereitung

HEFT 1737

Prof. Dr.-Ing. habil. Gerhard Oehler, Düsseldorf, Deutsche Forschungsgesellschaft für Blechverarbeitung und Oberflächenbehandlung e. V., Düsseldorf

Elastische Druckmittel

In Vorbereitung

WESTDEUTSCHER VERLAG · KÖLN UND OPLADEN
567 Opladen/Rhld., Ophovener Straße 1-3

GPSR Compliance

The European Union's (EU) General Product Safety Regulation (GPSR) is a set of rules that requires consumer products to be safe and our obligations to ensure this.

If you have any concerns about our products, you can contact us on ProductSafety@springernature.com

In case Publisher is established outside the EU, the EU authorized representative is:

Springer Nature Customer Service Center GmbH
Europaplatz 3
69115 Heidelberg, Germany

Batch number: 10584556

Printed by Printforce, the Netherlands